Wolfgang Stegmüller

Probleme und Resultate der Wissenschaftstheorie
und Analytischen Philosophie, Band II
Theorie und Erfahrung

Studienausgabe, Teil F

Neuer intuitiver Zugang
zum strukturalistischen Theorienkonzept.
Theorie-Elemente. Theoriennetze.
Theorienevolutionen

Springer-Verlag
Berlin Heidelberg New York Tokyo

Professor Dr. Dr. Wolfgang Stegmüller
Hügelstraße 4
D-8032 Gräfelfing

Dieser Band enthält die Einleitung und die Kapitel 1 bis 4 der unter dem Titel „Probleme und Resultate der Wissenschaftstheorie und Analytischen Philosophie, Band II, Theorie und Erfahrung, Dritter Teilband" erschienenen gebundenen Gesamtausgabe

ISBN 3-540-15743-3 broschierte Studienausgabe Teil F
Springer-Verlag Berlin Heidelberg New York Tokyo
ISBN 0-387-15743-3 soft cover (Student edition) Part F
Springer-Verlag New York Heidelberg Berlin Tokyo
ISBN 3-540-15707-7 gebundene Gesamtausgabe
Springer-Verlag Berlin Heidelberg New York Tokyo
ISBN 0-387-15707-7 hard cover
Springer-Verlag New York Heidelberg Berlin Tokyo

CIP-Kurztitelaufnahme der Deutschen Bibliothek
Stegmüller, Wolfgang: Probleme und Resultate der Wissenschaftstheorie und analytischen Philosophie / Wolfgang Stegmüller. - Studienausg. - Berlin; Heidelberg; New York; Tokyo: Springer
Teilw. verf. von Wolfgang Stegmüller; Matthias Varga von Kibéd. -
Teilw. mit den Erscheinungsorten Berlin, Heidelberg, New York
NE: Varga von Kibéd, Matthias:
Bd. 2. Theorie und Erfahrung. Teil F. Neuer intuitiver Zugang zum strukturalistischen Theorienkonzept, Theorie-Elemente, Theoriennetze, Theorienevolutionen. - 1986
ISBN 3-540-15743-3 (Berlin . . .)
ISBN 0-387-15743-3 (New York . . .)

Herstellung: Brühlsche Universitätsdruckerei, Gießen
2142/3140-543210

Vorwort

Zwei technische Anmerkungen seien vorausgeschickt. Erstens: Die drei Teilbände dieses Bandes II der vorliegenden wissenschaftstheoretischen Reihe, *Theorie und Erfahrung*, sollen durchgehend II/1, II/2 und II/3 genannt werden; insbesondere wird also der gegenwärtige Band mit II/3 abgekürzt. Zweitens: Bezüglich der Verwendung von Anführungszeichen soll wieder die frühere, ab Bd. IV, der vor II/2 erschien, eingeführte Konvention gelten, daß normale Anführungszeichen jeweils durch zwei Striche, metaphorische Anführungszeichen dagegen durch jeweils einen Strich wiedergegeben werden. (Im Logik-Band III mußte wegen des Zwanges zur Anpassung an die Konvention englischsprachiger Autoren genau die umgekehrte Festsetzung getroffen werden.)

Dieses Buch ist als ein *Zwischenbericht* gedacht. Zum einen ist nämlich seit über zehn Jahren keine größere Veröffentlichung erschienen, in der über neue und neueste Entwicklungen des strukturalistischen Theorienkonzeptes berichtet wird. Wer über diese sowie über die dadurch angeregten Diskussionen nicht aufgrund von Spezialarbeiten, hauptsächlich in Fachzeitschriften, informiert ist, könnte leicht den Eindruck gewinnen, das strukturalistische Projekt habe zu stagnieren begonnen oder verlaufe im Sande. Genau das Gegenteil ist der Fall. Der vorliegende Band soll daher einen möglichst umfassenden Einblick in die Fülle von Neuerungen gewähren, zu denen es seit 1973 gekommen ist. Auf der anderen Seite bereiten die drei Herren W. BALZER, C. U. MOULINES und J. D. SNEED ein größeres Buch über diese Materie vor (vgl. dazu das erste Literaturverzeichnis am Ende der Einleitung). Aus prinzipiellen Erwägungen haben sich diese drei Autoren entschlossen, für ihre Darstellung nicht mehr, wie dies bislang üblich war, die Sprache der informellen Mengenlehre und Modelltheorie, sondern die Sprache der mathematischen Kategorientheorie zu benützen. Dies wird für manche potentielle Leser eine Erhöhung des Schwierigkeitsgrades bedeuten. Auch aus diesem Grund erschien es als zweckmäßig, den gegenwärtigen Zwischenbericht anzufertigen, in dem viele der in jenem in Vorbereitung befindlichen Band behandelten Themen aufgegriffen werden, ohne jedoch von Kategorientheorie Gebrauch zu machen. Die entsprechenden Teile können als eine elementare Einführung in die dortigen Darstellungen aufgefaßt werden, welche allerdings in manchen Hinsichten genauer als auch mathematisch eleganter sein werden als die hier gegebenen.

Die mir bekannten fundierten Kritiken, zum Teil aber auch solche, die auf Mißverständnissen beruhen, sind im Text dieses Buches berücksichtigt worden. Leider war es im allgemeinen nicht möglich, explizite Diskussionen mit diesen

Kritiken an bestimmten Aspekten des neuen Konzeptes einzubeziehen; denn der Umfang dieses Buches wäre dadurch explosionsartig aufgebläht worden. Daher sollen hier wenigstens die wichtigsten Einwendungen, denen durch Einverarbeitung in den Text Rechnung getragen wurde, erwähnt und in Klammern die Namen von Kritikern angeführt werden, die diese Einwendungen vorbrachten: das Problem der *Identitätskriterien für Theorien* (T. S. KUHN und K. HÜBNER); die *Ingredientien des Kernes* eines Theorie-Elementes (K. HÜBNER); die *Natur der Theoretizität* (K. HÜBNER und P. HUCKLENBROICH); die bislang vernachlässigte Analyse *intertheoretischer Relationen* (P. HUCKLENBROICH); die Unterscheidung zwischen *Gesetzen und Querverbindungen* (R. TUOMELA); die Vernachlässigung des Zusammenhanges von *Theorienverdrängung und Überzeugungswandel* (K. HÜBNER, I. NIINILUOTO); der zu vage Umgang mit dem mengentheoretischen Apparat, der sich insbesondere im Fehlen eines präzisen Begriffs der *Strukturspecies* äußert (V. RANTALA, E. SCHEIBE); die unbefriedigende Behandlung des Problems der *Inkommensurabilität* (P. FEYERABEND, D. PEARCE); das *Fehlen beweisbarer Lehrsätze* (P. FEYERABEND); die fehlende Gegenüberstellung von präsystematisch und systematisch gebrauchten Begriffen und die ungenügende Abgrenzung vom ‚*statement view*' (die meisten Kritiker); technisch unbefriedigende Explikationsvorschläge, wie z. B. beim Begriff der *empirischen Behauptung eines Theoriennetzes* (H. ZANDVOORT).

Wie bereits diese – übrigens unvollständige – Liste zeigt, verteilen sich die Bedenken über ein außerordentlich breites Spektrum. Ihre ausführliche Diskussion würde in fast jedem Fall wegen der meist recht komplizierten Verzahnung der einzelnen Aspekte des strukturalistischen Projektes sehr umfangreich ausfallen müssen und könnte überdies nur durch Inkaufnahme häufiger Wiederholungen erfolgen. Hinzu kommt eine weitere Überlegung: Die ursprüngliche Fassung, nämlich sowohl Sneeds Buch als auch II/2, war ein Versuch, einen neuen Weg für die systematische Wissenschaftsphilosophie aufzuzeigen. Man könnte ihn als eine Wiederaufnahme des Carnapschen Projektes der rationalen Nachkonstruktion mit völlig andersartigen als formalsprachlichen Mitteln bezeichnen. Und wie jeder erste Versuch war auch dieser, selbst in den relativ ausgearbeiteten Teilen, unfertig und bruchstückhaft, bisweilen unnötig umständlich und in vielen Hinsichten lückenhaft. Soweit die inzwischen erzielten Verbesserungen diese Mängel behoben haben oder zumindest mit deren Behebung begannen, erübrigt sich eine ausdrückliche Stellungnahme zu den berechtigten Kritiken, die diese Dinge betreffen. Es muß jedem selbst überlassen bleiben, sich ein Bild davon zu machen, ob hier wirklich allen diesen Bedenken in befriedigender Weise Rechnung getragen worden ist.

Zwei Ausnahmen von der eben formulierten Regel sind die folgenden: Eingehend diskutiert werden sollen die Einwendungen von K. HÜBNER gegen das Sneedsche Theoretizitätskonzept sowie die Kritik von D. PEARCE an meinem Lösungsvorschlag zum Inkommensurabilitätsproblem. Die Kritik von HÜBNER betrifft einen der zentralsten Punkte des strukturalistischen Ansatzes. Die Auseinandersetzung mit dieser Kritik bietet zum einen Gelegenheit, die Ausführungen von Abschn. 1.3 zusätzlich zu veranschaulichen und damit nachträglich etwas lebendiger zu gestalten. Zum anderen kann sie als paradigmatisches Beispiel für dasjenige dienen, was oben die Verzahnung verschiedener Aspekte des neuen Ansatzes genannt worden ist: Um auf eine Kritik, die einen so zentralen Begriff wie den der T-Theoretizität betrifft, eine auch nur einigermaßen vollständige Antwort zu geben, müssen zahlreiche andere Punkte zur Sprache kommen. Da die Kritik HÜBNERS keine technischen Details betrifft, wurde diese Diskussion als Abschn. 1.8 am Ende des ersten Kapitels eingefügt, in dessen vorangehenden Abschnitten bereits eine ausführliche, intuitive Gesamtübersicht über das neue Projekt gegeben wurde. Darüber hinaus bot sich hier die Gelegenheit, eine kurze Erwiderung auf eine Kritik von P. HUCKLENBROICH an der strukturalistischen Behandlung des Themas „Messung und Theoretizität" einzufügen.

Die Aufnahme einer expliziten Diskussion der Kritik von D. PEARCE hat einen ganz anderen Grund. Sein Einwand war als Polemik gegen meinen Vorschlag intendiert. Im Verlauf der Beschäftigung mit dem von PEARCE vorgebrachten Argument stellte sich heraus, daß diese Kritik äußerst konstruktiv ist. Denn sie ermöglichte es erstmals, den Begriff der Inkommensurabilität exakt zu fassen. Mittels dieser Präzisierung habe ich, unter Heranziehung einer Arbeit von W. BALZER, versucht, eine adäquate Erwiderung zu geben. Diese Diskussion findet sich in Kap. 10. Dafür, daß sie an eine späte Stelle gerückt worden ist, gibt es zwei Gründe. Erstens kommen darin technische Einzelheiten zur Sprache, die eine gewisse Vertrautheit mit den in den vorangehenden Kapiteln gegebenen Explikationen als ratsam erscheinen lassen. Zweitens bildet das Inkommensurabilitätsproblem kein zentrales Thema des strukturalistischen Konzeptes. Es wäre höchstens ein begrüßenswerter Nebeneffekt, wenn sich herausstellen sollte, daß man innerhalb dieses Rahmens mit gewissen Schwierigkeiten fertig werden kann, die T. S. KUHN und P. FEYERABEND hervorgekehrt haben. Ich hoffe, daß der Inhalt von Kap. 10 diesen Nebeneffekt zustande bringt.

Anmerkung. Nach Beendigung der Drucklegung wurde ich bezüglich des auf S. 308 vorkommenden Ausdrucks „Inkommensurabilitätsleute" mit folgendem Einwand konfrontiert: „Wenn darunter solche Philosophen zu verstehen sind, die den Begriff der Inkommensurabilität für genau explizierbar halten und überdies die Auffassung vertreten, daß es inkommensurable Theorien gibt, dann gehörst du ja selbst zu den Leuten!" Meine Erwiderung lautet: Diese ironische Bezeichnung soll nicht bereits dann zutreffen, wenn die beiden genannten Bedingungen erfüllt sind. Vielmehr ist sie auf solche Personen gemünzt, die *überdies* die Auffassung vertreten, von der Inkommensurabilität auf die Unvergleichbarkeit, insbesondere auf die Nichtreduzierbarkeit der einen auf die andere Theorie, schließen zu müssen.

Allen Kollegen und Studierenden, die mir durch Diskussionsbeiträge, Kritiken und zusätzliche Informationen bei der Fertigstellung des Manuskriptes zum vorliegenden Band geholfen haben, spreche ich an dieser Stelle meinen besten Dank aus. Einige Namen möchte ich hier ausdrücklich hervorheben.

Ein besonders herzlicher Dank gilt meinem Kollegen WOLFGANG BALZER. Ohne seine tatkräftige und unermüdliche Hilfe wäre dieses Buch sowohl in bezug auf den Umfang als auch hinsichtlich seines Inhaltes wesentlich dürftiger ausgefallen. Herr BALZER hat mich auch stets über den gegenwärtigen Stand der Zusammenarbeit mit den Herren MOULINES und SNEED auf dem laufenden gehalten. Seine kritischen Betrachtungen zu den Überlegungen von D. PEARCE über Inkommensurabilität, Reduktion und Übersetzung lieferten die Anregung für die Gestaltung von Kap. 10. Auch bezüglich der Auswahl und die Behandlung der in das letzte Kapitel aufgenommenen Beispiele war sein Rat für mich von großem Nutzen. Er hat verschiedene Versionen des Manuskriptes zu diesem Buch gelesen und durch seine kritischen Bemerkungen, Ergänzungs- sowie Verbesserungsvorschläge die endgültige Fassung entscheidend mitbe- stimmt.

Auch J. D. SNEED, der dieses neue Konzept überhaupt ins Leben gerufen hat, und C.-U. MOULINES, der es ähnlich wie BALZER durch viele Arbeiten bereicherte, verdanke ich eine Fülle von Anregungen. Die viel zu selten gewordenen Begegnungen in den letzten Jahren haben leider keine hinreichend ausführlichen Gespräche über spezielle Themen ermöglicht. Trotzdem hat mir jedes Treffen mit SNEED und mit MOULINES neue innere Kraft gegeben und dazu beigetragen, mich zu ermutigen, die hier versuchte Zwischenbilanz zu ziehen.

Ich danke ferner Herrn Dr. U. GÄHDE für viele anregende Gespräche zu den beiden Themenkreisen „T-Theoretizität" und „Holismus". Vieles davon hat hier seinen Niederschlag gefunden in den beiden Kapiteln 6 und 7. Nachdem Herr GÄHDE seinen Plan, das auf intuitiver, präsystematischer Ebene anzuwen- dende Theoretizitätskriterium von SNEED in ein innersystematisches, formales Kriterium überzuführen, in seiner Dissertation erfolgreich zu Ende geführt hatte, bin ich zu der Überzeugung gelangt, daß damit eine wichtige wissen- schaftstheoretische Problemdiskussion dieses Jahrhunderts zu einem relativen Abschluß gekommen ist. Auch zur Klärung und Präzisierung der Duhem- Quine-These hat Herr GÄHDE mit Hilfe seiner ‚realistischen Miniaturtheorie', die in Kap. 7 eingehend behandelt wird, entscheidend beigetragen. Von großem Nutzen ist für mich bezüglich dieses Punktes auch die Zusammenarbeit bei der Abfassung des gemeinsamen Artikels zum Thema „Holismus" für den im Erscheinen befindlichen Schilpp-Band über die Philosophie von W. V. QUINE gewesen.

Last not least möchte ich auch Herrn Dr. HERMANN SCHMITZ, Professor für Philosophie an der Universität Kiel, meinen Dank aussprechen. Aus einer Anfrage von ihm zu einem speziellen Problem und meinem Versuch, diese zu beantworten, entwickelte sich eine längere briefliche Diskussion. Herr SCHMITZ hat sich die Mühe genommen, die ursprünglichen Fassungen der hier veröffent- lichten Kapitel 2 bis 7 und 9 bis 13 zu lesen. Viele Umformulierungen, Verbesserungen und Ergänzungen, die ich im Anschluß an diese Diskussion vorgenommen habe, sind durch seine stets auf den Kern der Sache bezogenen, scharfsinnigen Bemerkungen und Fragen sowie kritischen Kommentare ange- regt worden. Ich weiß die Mühe von Kollegen SCHMITZ um so mehr zu schätzen, als mir natürlich bekannt war, daß er zu Beginn unserer Diskussion gerade ein eigenes Riesenprojekt zum Abschluß gebracht und ein neues begonnen hatte.

Ich hoffe, daß diese sicherlich unzureichenden Versuche, meinen Dank abzustatten, nicht dahingehend mißverstanden werden, in ‚kritischen Fällen' die Schuld abwälzen zu wollen. Für alle Unzulänglichkeiten, die der Text dieses Buches aufweist, übernehme ich selbstverständlich ganz allein die Verantwortung. Dies gilt für die Gliederung der Materie, für die Art ihrer Behandlung sowie für den Inhalt aller Aussagen.

Gewidmet ist dieses Buch dem Andenken an YEHOSHUA BAR-HILLEL, mit dem mich durch viele Jahre hindurch eine tiefe, persönliche und philosophische Freundschaft verband. Er war einer der ersten, der die Bedeutung des neuen Konzeptes erkannte und sich dafür begeisterte. Auf ihn geht auch der Vorschlag zurück, als Alternative zu der negativen und überdies ins Deutsche unübersetzbaren Bezeichnung „non-statement view" die positive Charakterisierung „strukturalistische Theorienauffassung" zu wählen. Meine anfänglichen und, wie ich gestehe, erheblichen Bedenken gegen diese Benennung – bedingt durch andere Standardverwendungen von „strukturalistisch", vor allem in der Linguistik oder zur Charakterisierung des sog. „französischen Strukturalismus" – vermochte er bald zu zerstreuen, da selbst bei nur oberflächlicher Kenntnis dieser Auffassung eine Verwechslung ausgeschlossen ist und außerdem diese Bezeichnung die sachlich angemessenste Kurzformel liefern dürfte. Inzwischen hat sich die Wendung „strukturalistisches Theorienkonzept" nebst der Abkürzung „Strukturalismus" eingebürgert und soll daher auch im folgenden unbedenklich verwendet werden.

Herzlich danke ich Herrn Dr. U. GÄHDE und Frau E. MOLZ für ihre wichtige und gewissenhafte Hilfe bei der Herstellung des Manuskriptes. Für die wertvolle Unterstützung bei den Korrekturarbeiten spreche ich den Herren Prof. Dr. W. BALZER und Dr. F. MÜHLHÖLZER meinen besten Dank aus.

Herrn Professor Dr. WOLFGANG BALZER und Herrn Dr. FELIX MÜHLHÖLZER danke ich bestens für ihre wertvolle Hilfe bei der mühevollen Arbeit des Korrekturlesens.

Beim Springer-Verlag möchte ich mich dafür bedanken, daß er auch diesmal sehr darum bemüht war, meinen Vorstellungen bezüglich Art und Gliederung der Ausgabe zu entsprechen sowie die Ausstattung der Bände optimal zu gestalten.

Gräfelfing, den 19. August 1985 WOLFGANG STEGMÜLLER

Inhaltsverzeichnis

Einleitung und Übersicht

Ziel dieses Buches ist es, über die Entwicklungen des strukturalistischen Konzeptes seit 1973 zu berichten. Es ist aber so abgefaßt, daß eine Kenntnis anderer Veröffentlichungen über dieses Thema nicht vorausgesetzt wird.

Zum Unterschied von den übrigen Bänden dieser Reihe werden diesmal intuitive Motivationen einerseits, speziellere Analysen andererseits nicht in Form ständiger Verflechtung vorgetragen. Vielmehr wird der methodische Versuch unternommen, beides im Prinzip zu trennen. Das relativ umfangreiche erste Kapitel dient allein dazu, das inhaltliche Verständnis des neuen Konzeptes zu fördern. Die dementsprechend knapper gehaltenen folgenden zwölf Kapitel sind jeweils besonderen Themen gewidmet, wobei in den Kapiteln 2 bis 9 etwas stärker der ‚technische‘, in den Kapiteln 10 bis 13 dagegen mehr der ‚philosophische‘ Aspekt überwiegt. Das letzte Kapitel berichtet über fünf Arten von Versuchen, den strukturalistischen Ansatz für die Zwecke rationaler Nachkonstruktionen in nichtphysikalischen Bereichen zu benützen.

Wer glaubt, mit den Grundzügen des strukturalistischen Ansatzes bereits hinreichend vertraut zu sein, kann das erste Kapitel rasch überfliegen. Allerdings wird empfohlen, die Abschnitte 1.3 und 1.6 genauer zu lesen. Nach Kenntnisnahme des Inhaltes von Kapitel 2, das die grundlegenden Verbesserungen und Neuerungen gegenüber dem ursprünglichen Ansatz enthält, kann man zur Lektüre eines beliebigen anderen Kapitels übergehen. Eine Präzisierung des Begriffs der Strukturspecies, der in späteren Kapiteln verwendet wird, findet sich in Kap. 5. Wer an den Details dieser Präzisierung nicht interessiert ist, kann das Kapitel 5 überspringen und sich mit dem Gedanken beruhigen, daß die dortigen Ausführungen nur dem Zweck dienen, berechtigten ‚formalistischen‘ Bedenken gegen die bisherige Handhabung des mengentheoretischen Begriffsgerüstes Rechnung zu tragen.

Kapitel 1 beginnt mit der Schilderung eines grundsätzlichen Dilemmas, mit dem die systematische Wissenschaftsphilosophie heute konfrontiert ist. Als Lösung des Dilemmas wird eine möglichst weitgehende Ersetzung formalsprachlicher Methoden durch Methoden der *informellen Mathematik* vorgeschlagen. Dieser Vorschlag beruht auf der Überzeugung, daß für die genaue Behandlung wissenschaftstheoretischer Themen in der Regel der Präzisionsgrad der informellen Mathematik genügt. (Daß als die einschlägige mathematische Disziplin, welche auch in diesem Buch benützt wird, die informelle Mengenlehre dient, während z.B. SNEED gegenwärtig die mathematische Kategorientheorie bevorzugt, sollte demgegenüber als zufälliges historisches Faktum angesehen werden, welches das Bemühen widerspiegelt, den jeweils erreichten Wissensstand adäquat zu präsentieren.) Insbesondere kann die mathematische Grundstruktur einer präexplikativ vorgegebenen Theorie durch ein *diese Theorie ausdrückendes Prädikat* wiedergegeben werden. Zur Veranschaulichung dieses Gedankens dient das Beispiel einer sehr elementaren und allgemein bekannten Miniaturtheorie, nämlich der archimedischen Statik. Auch später wird für Erläuterungszwecke im ersten Kapitel auf dieses Beispiel zurückgegriffen. Mit seiner Schilderung ist die Beschreibung eines bestimmten Aspektes des neuen Konzeptes bereits beendet. Ein zweiter Aspekt betrifft die neue Behandlung der *intendierten Anwendungen* einer Theorie. Auch diese beruht auf einer bestimmten Überzeugung, nämlich daß man es in der Regel als ein hoffnungsloses Unterfangen betrachten muß, notwendige und hinreichende Bedingungen für die Zugehörigkeit zur Anwendungsmenge einer Theorie anzugeben. An die Stelle dieser illusionären Überzeugung tritt ein rein pragmatisches Vorgehen, das von den typischen Anwendungsbeispielen ausgeht. Dies hat drei bedeutsame Konsequenzen, nämlich daß erstens jeder Theoretiker prinzipiell ‚zweigleisig' verfahren muß, daß zweitens die Menge intendierter Anwendungen gewöhnlich für jeden Zeitpunkt der Entwicklung einer Theorie eine offene Menge darstellt und daß drittens die intendierten Anwendungen einer Theorie nicht disjunkt zu sein brauchen, sondern sich teilweise überschneiden können. (Die Methode der paradigmatischen Beispiele geht dagegen in den neuen Ansatz nicht als wesentliches Merkmal ein. Immerhin konnte mit ihrer Hilfe in II/2 erstens gezeigt werden, daß das, was WITTGENSTEIN zum Thema „Spiel" sagt, auf die intendierten Anwendungen der klassischen Partikelmechanik übertragbar ist; und es konnte zweitens Klarheit darüber gewonnen werden, in welcher Weise T. S. KUHN bei seiner Verwendung von „Paradigma" dabei auf WITTGENSTEIN zurückgreift.)

Ein dritter Aspekt besteht in der neuartigen Charakterisierung der sogenannten *theoretischen Terme*. Diese werden nicht auf rein sprachlicher Ebene durch Abgrenzung von ‚Beobachtungsbegriffen' sozusagen negativ (als das Nichtbeobachtbare) charakterisiert, sondern positiv durch die Rolle, die sie in der Theorie *T* spielen, in die sie eingeführt werden, weshalb man nicht von theoretischen Termen schlechthin, sondern nur von *T-theoretischen Termen* sprechen kann. Diese Rolle ist verquickt mit einer Schwierigkeit, die SNEED das Problem der theoretischen Terme nennt. Die Schwierigkeit hat die Größenordnung einer Antinomie, unterscheidet sich von einer solchen jedoch dadurch, daß ihr Verständnis den Vollzug eines epistemologischen Schrittes voraussetzt. Für die Gewinnung eines adäquaten Verständnisses des neuen Theoretizitätskonzeptes empfiehlt es sich, nicht mit der Definition von „*T-theoretisch*", sondern mit der Schilderung der erwähnten Schwierigkeit zu beginnen. Dabei wird hier die Tatsache benützt, daß sich das Problem unter einer geeigneten Annahme für die archimedische Statik reproduzieren und damit elementar veranschaulichen läßt. Die Messung einer *T*-theoretischen Größe erweist sich in dem Sinn als *theoriegeleitet*, daß jedes Meßmodell für diese Größe bereits ein Modell der Theorie ist. Das Problem kann bewältigt werden durch Übergang zum Ramsey-

Satz, der allerdings wegen der verschiedenen anderen neuen Aspekte in mehrfacher Hinsicht zu modifizieren ist. Nachdem das Problem der theoretischen Terme zunächst ‚dramatisiert‘ worden ist, wird es am Ende wieder ‚verniedlicht‘. Denn wer glaubt, dieses Problem nicht akzeptieren zu müssen, braucht deshalb diesen neuen Ansatz nicht zu verwerfen. Insbesondere ist der Gedanke, die spezifische Rolle, welche T-theoretische Terme in der Theorie T spielen, über die theoriegeleitete Messung zu erfassen, von diesem Problem logisch abtrennbar.

Eine vierte Neuerung stellt der Begriff der *Querverbindung* (engl. „*Constraint*") dar. Man könnte die Querverbindungen auch als ‚Gesetze höherer Stufe‘ bezeichnen, da durch sie nicht einzelne mögliche Kandidaten aus den Anwendungen einer Theorie ausgeschlossen werden, sondern stets Kombinationen von solchen möglichen Kandidaten. Die Existenz derartiger Querverbindungen ist dafür verantwortlich, daß ‚das, was eine Theorie zu sagen hat‘, nicht in so viele Aussagen zerfällt, als es intendierte Anwendungen gibt, sondern durch eine einzige unzerlegbare Aussage wiedergegeben werden muß. Auch die Leistung der Querverbindungen wird am Beispiel der archimedischen Statik in sehr elementarer Weise veranschaulicht.

Der fünfte und letzte neue Aspekt betrifft die Unterscheidung zwischen *Fundamentalgesetz* und *Spezialgesetzen*. Was man gewöhnlich eine globale Theorie nennt, ist, wie z. B. W. HEISENBERG mit Nachdruck betonte, nicht mehr als ein Rahmen, der erst ausgefüllt werden muß. Dieser Grundgedanke wird in der Weise präzisiert, *daß die Rahmentheorie nur das Fundamentalgesetz enthält*, nicht jedoch die Spezialgesetze, die erst später aufgrund von speziellen Entdeckungen hinzukommen. Analog wie die mathematische Struktur der Rahmentheorie, also des Fundamentalgesetzes, durch ein mengentheoretisches Prädikat ausdrückbar ist, können die Spezialgesetze durch geeignete Verschärfungen des die Theorie ausdrückenden Prädikates repräsentiert werden. Zum Unterschied vom Fundamentalgesetz gelten die Spezialgesetze nicht in allen, sondern nur in gewissen intendierten Anwendungen.

Wegen der logischen Unabhängigkeit der erwähnten fünf Aspekte kann die Wendung „strukturalistisches Theorienkonzept" zunächst als eine Sammelbezeichnung für diese Neuerungen aufgefaßt werden. Wie sie zusammenhängen und was sich aus diesen Zusammenhängen für Folgerungen ableiten lassen, kann größtenteils erst in späteren Kapiteln gezeigt werden. Nur das Zusammenspiel von theoretischen Termen, sich überschneidenden intendierten Anwendungen und Querverbindungen wird in 1.4.1 anhand der Miniaturtheorie im Vorblick auf spätere ‚wirkliche‘ Theorien elementar veranschaulicht. Und zwar wird dort gezeigt, daß die theoretischen Terme über die Querverbindungen der Theorie eine prognostische Leistungsfähigkeit auf der nicht-theoretischen Ebene verleihen.

Gemäß dem Quineschen Slogan „Explikation ist Elimination" verschwindet der präsystematische Begriff der Theorie aus dem systematischen Sprachgebrauch. Wie in 1.4.2 und 1.6.2 genauer geschildert wird, treten an seine Stelle nicht weniger als sechs neue Begriffe, nämlich erstens die drei Begriffe des

Theorie-Elementes, Theoriennetzes und *Theorienkomplexes* als nicht-linguistische Entitäten und zweitens die ihnen jeweils eindeutig zugeordneten *empirischen Behauptungen* als linguistische Gebilde. Mit diesem Begriffsapparat lassen
sich wesentlich differenziertere und aufschlußreichere Analysen durchführen
als innerhalb derjenigen Verfahren, die mit einem uniformen Begriff der
Theorie arbeiten (und die außerdem gewöhnlich darunter, in Imitation der
Metamathematik, nur ein linguistisches Gebilde oder eine Klasse von solchen
Gebilden verstehen). Für den einfachsten dieser Fälle, nämlich den eines
einzelnen Theorie-Elementes, werden die begrifflichen Zusammenhänge unter
der Bezeichnung „kleines Einmaleins des Strukturalismus" zusammengefaßt
und in Fig. 2–1 durch ein dreidimensionales Bild veranschaulicht.

Kapitel 2 beinhaltet eine Darstellung des neu konzipierten Begriffsgerüstes,
welches auf Arbeiten von Balzer und Sneed zurückgeht. Grundlegend ist der
Begriff des *Theorie-Elementes* $T = \langle K, I \rangle$, mit K als dem Kern und I als der
Menge der intendierten Anwendungen. Der Kern $K = \langle M_p, M, M_{pp}, Q \rangle$ erfaßt
die mathematische Grundstruktur sowie alle nicht die Menge I betreffenden
neuen Aspekte wie folgt: M drückt das für dieses Theorie-Element charakteristische Gesetz aus. Wenn es sich also z.B. bei T um die ‚Rahmentheorie' oder
‚Basistheorie' handelt, so ist M die Extension des diese Rahmentheorie
ausdrückenden Prädikates, genannt die Klasse der *Modelle* von T. M_p, auch als
Klasse der *potentiellen Modelle* von T bezeichnet, repräsentiert das für M
benötigte Begriffsgerüst, d.h. genau das, was übrig bleibt, wenn man aus M das
‚eigentliche Gesetz' wegstreicht. (Die Frage, welche Bestimmungen zur Beschreibung des ‚bloßen Begriffsgerüstes' zu rechnen sind und welche Gesetze
ausdrücken, wird in Kap. 5 durch Angabe eines scharfen Kriteriums beantwortet.) Die Dichotomie zwischen den T-theoretischen und T-nicht-theoretischen
Termen spiegelt sich im Unterschied der beiden Mengen M_p und M_{pp} wider;
denn die Klasse M_{pp} der *partiellen potentiellen Modelle* (oder kurz: der *partiellen
Modelle*) entsteht aus M_p dadurch, daß man alle theoretischen Terme wegläßt,
also auf die begriffliche Charakterisierung des ‚theoretischen Überbaues'
verzichtet. Q repräsentiert die für dieses Theorie-Element charakteristische
Querverbindung, im Fall der ‚Rahmentheorie' also den Durchschnitt aller
allgemeinen Querverbindungen oder Constraints. Vom Zweitglied I von T wird
verlangt, daß es mit dem Erstglied durch die Forderung $I \subseteq M_{pp}$ verknüpft ist.
Dadurch wird garantiert, daß alle Elemente von I bereits mit den nicht-
theoretischen Strukturen versehen sind.

Die *empirische Behauptung von* T besagt, daß der Kern K von T im folgenden
Sinn erfolgreich auf I anwendbar ist: Die Elemente von I lassen sich auf solche
Weise ‚theoretisch ergänzen', daß die Resultate dieser Ergänzung Modelle sind
und die gesamte, aus diesen Ergänzungen resultierende Klasse sämtliche
Querverbindungen aus Q erfüllt.

Eine wesentliche Neuerung gegenüber den ursprünglichen Formulierungen
besteht darin, daß nicht nur die ‚Rahmentheorie' als Theorie-Element im
skizzierten Sinn konzipiert wird, sondern daß jetzt *auch sämtliche Spezialgesetze*
‚in die Form von Theorie-Elementen gegossen' werden. (Bei SNEED und in II/2

waren demgegenüber die Spezialgesetze summarisch zusammengefaßt und zur Bildung des sogenannten erweiterten Strukturkernes benützt worden.) Dieses Konstruktionsverfahren steht mit dem fachwissenschaftlichen Sprachgebrauch im Einklang, wie z. B. die physikalische Synonymität der Bezeichnungen „Gravitations*theorie*" und „Gravitations*gesetz*" zeigt. Die Spezialgesetze repräsentierenden Theorie-Elemente gehen aus dem die Rahmentheorie darstellenden Theorie-Element durch die Relation der *Spezialisierung* hervor. Diese bildet die einfachste intertheoretische Relation und kann definitorisch auf die mengentheoretische Einschlußrelation zurückgeführt werden. Eine Menge von Theorie-Elementen, die durch die Relation der Spezialisierung miteinander verknüpft sind, wird *Theoriennetz* genannt. Die Spezialisierungsrelation erzeugt auf der Menge der Theorie-Elemente eine partielle Ordnung. Diejenigen Theorie-Elemente eines Netzes, die nicht durch Spezialisierung aus anderen hervorgehen, bilden die *Basis* des Netzes. Es wird nicht verlangt, daß diese Basis in jedem Fall eindeutig ist, d. h. daß sie nur ein einziges Element enthält. Dadurch wird die Möglichkeit offengelassen, Theorien ‚mit zwei oder mehreren Eingängen' zu rekonstruieren, wie es z. B. bei der Quantenphysik der Fall sein könnte. Primitive Theorien, aber auch nur solche, wie z. B. die Keplersche Theorie, ‚degenerieren' zu einem einzigen Theorie-Element. Alle modernen ‚globalen Theorien' hingegen können in jedem Stadium ihrer Entwicklung nur durch ein Theoriennetz repräsentiert werden.

Auch jedem Theoriennetz entspricht eindeutig dessen empirische Behauptung. In den bisherigen Formulierungen ist diese als Konjunktion der empirischen Behauptungen der zum Netz gehörigen Theorie-Elemente gedeutet worden. Diese Fassung ist, wie ZANDVOORT gezeigt hat, insofern nicht korrekt, als sie nicht den allgemeinen Fall deckt. Die Korrektur erfolgt mittels des Hilfsbegriffs des zulässigen theoretischen Bereiches für ein Theorie-Element. Dadurch wird auch für Theoriennetze der einheitliche Ramsey-Charakter ihrer empirischen Behauptungen wiederhergestellt.

Im **Kapitel 3** werden in Anknüpfung an einen Vorschlag von MOULINES Theoriennetze betrachtet, die drei zusätzliche pragmatische Komponenten enthalten, nämlich historische Zeiten, Forschergemeinschaften und von diesen Gemeinschaften akzeptierte epistemische Standards. Derartige ‚pragmatisch bereicherte' Theoriennetze können dazu verwendet werden, um die Begriffe des *Theorienwandels* und der *Theorienevolution* einzuführen, die sich für bestimmte historische Studien als nützlich erweisen. Dabei können drei Arten von Fortschritten unterschieden werden: empirische, theoretische und epistemische. Falls man außerdem scharf unterscheidet zwischen den epistemischen Standards der Objektebene und denen der Metaebene, so kann man diese Begriffe dafür benützen, um ein deutlicheres Bild von dem zu bekommen, was LAKATOS unter einem *fortschrittlichen Forschungsprogramm* verstand. Ebenso eignet sich dieses Begriffsinventarium dafür, KUHNS Begriff der Normalwissenschaft zu ‚entirrationalisieren': Falls man ein Paradigma im Sinn von KUHN mit einem geeigneten Theorie-Element $\langle K_0, I_0 \rangle$ identifiziert, kann man in vielen Fällen einen normalwissenschaftlichen Prozeß identifizieren mit einer Theorienevolution, für die ein Paradigma existiert. Ob und wie häufig so etwas vorkommt, ist keine philosophische, sondern eine historische Frage.

Im **Kapitel 4** wird auf der Grundlage des neuen Begriffsapparates eine weitere wichtige intertheoretische Relation, nämlich die *Reduktionsrelation* eingeführt. Um den Sachverhalt durchsichtiger zu machen, werden dafür vier minimale Adäquatheitsbedingungen formuliert. Die zunächst für Theorie-Elemente eingeführten Begriffe der *schwachen* und der *starken* Reduktion werden später auf Theoriennetze übertragen. In zwei Induktionstheoremen wird festgehalten, wie jeweils eine bestehende starke Reduktion eine schwache Reduktion auf der nicht-theoretischen Ebene erzeugt. Die epistemologische Wichtigkeit der schwachen Reduktion besteht darin, daß sie selbst bei ‚Inkommensurabilität' der beiden theoretischen Superstrukturen vorliegen kann. Die in diesem Kapitel allein betrachteten Fälle von *strenger Reduktion* bilden in vielen Situationen aus dem ‚wirklichen wissenschaftlichen Leben' nur ideale Grenzfälle, die durch liberalere Begriffe der bloß *approximativen Einbettung* zu ersetzen sind. Diese Verallgemeinerung wird systematisch erst in Kap. 8, im Zusammenhang mit einem Studium der Approximationsproblematik, aufgegriffen.

Kapitel 5 stellt die Mittel bereit, um gewissen formalen Bedenken gegen die in Kap. 2 eingeführten Begriffe Rechnung zu tragen. Darin wurde vor allem bemängelt, daß verschiedene, als Elemente von M_p und M vorkommende mengentheoretische Strukturen nicht ‚dieselbe Ordnung' zu besitzen brauchen sowie daß keine Gewähr dafür geschaffen ist, die in mengentheoretischen Strukturen vorkommenden Objekte ausschließlich durch die in diesem Strukturen vorkommenden Relationen zu charakterisieren. Den Ausgangspunkt für die gewünschte Präzisierung, die aus einer Kooperation von BALZER, MOULINES und SNEED hervorging, bildet der Begriff der *Leitermenge* von BOURBAKI, d. h. einer Menge, die aus endlich vielen gegebenen Mengen durch endlich oftmalige Anwendung der kartesischen Produktbildung sowie der Potenzmengenoperation hervorgeht. Durch die Forderung, in einer mengentheoretischen Struktur nur solche Relationen zuzulassen, die Teilmengen von Leitermengen sind, erhält man *typisierte* Klassen von mengentheoretischen Strukturen. Mit Hilfe des Begriffs der kanonischen Transformationen läßt sich auch die weitere Aufgabe bewältigen, die Objekte mengentheoretischer Strukturen *nur* durch die in diesen Strukturen vorkommenden Relationen charakterisieren zu lassen. Eine typisierte Klasse von mengentheoretischen Strukturen, die invariant ist unter kanonischen Transformationen, wird eine *Strukturspecies* genannt. Die erwähnten Bedenken kann man dann durch die Forderung ausräumen, daß die Klassen M_p und M Strukturspecies sein müssen. Dabei ist es wichtig, festzuhalten, daß diese Präzisierungen ohne Rückgriff auf formalsprachliche Methoden erfolgt sind. Als Nebenresultat kann man ein scharfes Kriterium für ‚echte Gesetze' und damit für die Abgrenzung von M_p und M gewinnen.

Mit der Einführung typisierter Begriffe werden die nichttypisierten Begriffe von Kap. 2 nicht entwertet. Vielmehr werden im folgenden beide Begriffskategorien benützt und es wird je nach Bedarf auf die *allgemeinen* oder auf die *typisierten* Klassen mengentheoretischer Strukturen zurückgegriffen.

Im **Kapitel 6** werden neuere Untersuchungen zum Begriff der *T-Theoretizität* behandelt. Das Kriterium von SNEED hat zwei Nachteile, nämlich daß es erstens auf präsystematischer Ebene angewendet werden muß und daß es zweitens zwei intuitive Allquantifikationen (eine über die Darstellungen einer Theorie und eine über die existierenden Meßverfahren bestimmter Größen) enthält. Auf der Grundlage dieses Kriteriums ist daher eine Aussage von der Gestalt „Term *t* ist *T*-theoretisch" *prinzipiell hypothetisch*. GÄHDE hat den erfolgreichen Versuch unternommen, dieses Kriterium durch ein ‚innersystematisches Kriterium' zu ersetzen, welches es gestattet, für eine vorliegende Theorie *T* die *T*-Theoretizität von Größentermen zu beweisen. Für die Originalfassung seiner Arbeit, die technisch etwas aufwendig ist, wird hier nur eine inhaltliche Skizze gegeben. Die präzise Formulierung wird dagegen mit Hilfe eines von BALZER entwickelten Formalismus der Meßmodelle vorgenommen.

Dazu muß zunächst der begriffliche Rahmen so stark verallgemeinert werden, daß noch kein Gebrauch gemacht wird vom Unterschied zwischen M_p und M_{pp}, was offenbar unzulässig wäre. Und für die Formulierung des Theoretizitätskriteriums (D6–9) wird vom Gedanken der theoriegeleiteten Messung Gebrauch gemacht. Dabei ergeben sich einige inhaltliche Unterschiede gegenüber dem ursprünglichen Kriterium von SNEED, darunter die folgenden drei: Erstens geht es nicht mehr darum, die Theoretizität isolierter Terme herauszubekommen, sondern die korrekte theoretisch – nicht-theoretisch – Dichotomie zu ermitteln. Zweitens genügt es für eine theoriegeleitete Messung nicht, auf die Rahmentheorie allein zurückzugreifen; vielmehr muß noch mindestens ein echtes Spezialgesetz herangezogen werden. Und drittens sind sowohl bezüglich der zu messenden Funktionen als auch bezüglich der einschlägigen Gesetze die entsprechenden Invarianzen zu berücksichtigen. In bezug auf die Theorie KPM kann dann bewiesen werden, daß die Funktionen *m* (*Masse*) und *f* (*Kraft*) *KPM-theoretisch* sind, während *s* (*Ort*) eine KPM – nicht-theoretische Funktion darstellt.

Im weiteren Verlauf wird zunächst eine Modifikation des GÄHDEschen Kriteriums durch BALZER geschildert (D6–14) und abschließend die philosophische Frage der Adäquatheit von Kriterien für *T*-Theoretizität grundsätzlich erörtert. Obwohl die dabei bislang gewonnenen Resultate nicht in allen Hinsichten eindeutig sind, kann dennoch behauptet werden, daß die Diskussionen über die Natur theoretischer Begriffe durch die Überlegung von GÄHDE zu einem relativen Abschluß gelangt sind.

Kapitel 7 behandelt die *holistischen Konsequenzen* des Begriffs der *T*-Theoretizität. Und zwar geschieht dies unter Zugrundelegung eines von GÄHDE entwickelten Kunstgriffs. Dieser besteht darin, eine ‚realistische Miniaturtheorie' *T** zu entwerfen und die Untersuchungen zunächst nur auf diese zu beziehen. Die Theorie ist in dem Sinn ‚aus dem wirklichen wissenschaftlichen Leben gegriffen', daß der Kern echte physikalische Gesetzmäßigkeiten enthält. Der ‚Miniaturcharakter' kommt nur dadurch hinein, daß die Menge der intendierten Anwendungen künstlich auf fünf Anwendungen eingeengt wird. (Die Möglichkeit, Theorien von solcher Eigenart überhaupt konzipierbar zu machen, bildet

einen weiteren großen wissenschaftsphilosophischen Vorteil des Sneed-Formalismus.) *T** besteht aus der Rahmentheorie *KPM* sowie zwei Spezialgesetzen,
nämlich dem actio-reactio-Prinzip und dem Gesetz von HOOKE. Das erste dieser
beiden Spezialgesetze wird zusammen mit der Rahmentheorie dafür benützt,
um inelastische Stoßprozesse zu erklären, die in zwei der fünf Anwendungen vorliegen, während das zweite Gesetz in analoger Weise für die
Erklärung der Prozesse in den drei übrigen Anwendungen dient, bei denen
es sich um harmonische Oszillatoren handelt. Neben den formalen Details
wird auch der Ramsey-Sneed-Satz *RS** dieser Miniaturtheorie explizit angeschrieben.

Es wird nun fingiert, daß auf Grund eines Konfliktes mit den Meßdaten die
Aussage *RS** empirisch falsifiziert worden sei. Im Widerspruch zum prima-
facie-Eindruck, wonach der Ort für diesen Konflikt eindeutig lokalisierbar zu
sein scheint, ergibt die genauere Analyse, daß drei voneinander völlig verschiedene Revisionsalternativen existieren. Zwischen diesen läßt sich allerdings eine
klare Rangordnung herstellen. Insgesamt gewinnt man auf diese Weise sowohl
eine gute Illustration und exemplarische Bestätigung als auch eine Verschärfung
der *Duhem-Quine-These*. Zu den erzielten Nebenresultaten gehören insbesondere neue und genauere Einsichten in die Natur der Theorienimmunität.

In **Kapitel 8** wird an den Gedanken von G. LUDWIG angeknüpft, daß der
Begriff der *Approximation* für ein volles Verständnis physikalischer Theorienbil-
dung unerläßlich sei. Entsprechend seinem Vorschlag wird für die Klärung
dieses Begriffs auf die uniformen Strukturen im Sinn der Topologie zurückgegriffen. Zwei Alternativverfahren werden erörtert. Im ersten Verfahren, das auf
MOULINES zurückgeht, wird kein expliziter Gebrauch vom Begriff des topologischen Raumes gemacht. Die Elemente einer Uniformität werden darin als
‚Unschärfemengen' aufgefaßt, die für ‚vernünftige Immunisierungen' benützbar
sind. (Diesmal geht es tatsächlich um eine Aktivität der *Immunisierung* und nicht
um *Immunität*!) Die ‚Immunisierungssprechweise' liefert zugleich ein anschauli-
ches Verfahren zur Verdeutlichung der für eine uniforme Struktur geltenden
Prinzipien. Es wird eine doppelte Unterscheidung getroffen, erstens zwischen
Approximation auf *theoretischer* und auf *nicht-theoretischer* Stufe und zweitens
zwischen *innertheoretischer* und *intertheoretischer Approximation*. Im ersten Fall
wird mittels zweier Induktionstheoreme ein Zusammenhang zwischen den
beiden Stufen hergestellt. Die beiden Unterfälle der zweiten Unterscheidung
werden gesondert behandelt. Beim ersten geht es darum, die exakten Anwendungen einer Theorie durch ‚verschmierte' Anwendungen zu ersetzen. Im
zweiten Fall werden intertheoretische Relationen, darunter insbesondere die
Reduktionsrelation, durch deren approximative Gegenstücke ersetzt. Zur
Illustration wird die von MOULINES gegebene ‚strukturalistische Übersetzung'
der detaillierten Behandlung des KEPLER–NEWTON-Falles durch E. SCHEIBE
geschildert.

In 8.5 wird ein zweites, von D. MAYR benütztes Verfahren dargestellt. Hier
wird explizit etwas postuliert, das durch den Gedanken der Approximation
nahegelegt wird, nämlich die Existenz ‚idealer Objekte', die sich approximieren

lassen. Bei diesem zweiten Verfahren ist es notwendig, von der topologischen Methode der Vervollständigung von Räumen Gebrauch zu machen. Um auch diesen Abschnitt für sich lesbar zu gestalten, wird die Theorie der uniformen Hausdorff-Räume und ihrer Vervollständigungen skizziert. Auch für dieses zweite Verfahren wird eine konkrete Illustration gegeben, nämlich durch den Nachweis der approximativen Reduktion der klassischen Partikelmechanik auf die speziell relativistische Mechanik.

Das Kapitel schließt mit einer Bemerkung zu einer Kritik QUINES an PEIRCE. PEIRCE hatte den Grenzwertbegriff auf Theorien angewendet, was QUINE zu der Kritik herausforderte, daß dieser Begriff nur für Zahlen definiert sei. In den vorangehenden Überlegungen war jedoch tatsächlich der Grenzwertbegriff auf ‚Theorienartiges‘ angewendet worden: Über den beiden Klassen M_p und M als Trägermengen wurden uniforme Räume konstruiert, für die sich der Begriff des Cauchy-Filters sowie der Konvergenz solcher Filter definieren (und im HAUSDORFF-Fall sogar die Eindeutigkeit der Konvergenz dieser Filter beweisen) läßt. Es könnte sich, wie dort angedeutet wird, herausstellen, daß diese Bemerkung für die gegenwärtige Realismusdebatte von Relevanz ist; denn die ‚internen Realisten‘ greifen gern auf die PEIRCEsche Idee der ‚idealen Grenze der wissenschaftlichen Forschung‘ zurück.

Kapitel 9 enthält einen erstmaligen Bericht über den gegenwärtigen Stand der Untersuchungen von BALZER, MOULINES und SNEED zum verallgemeinerten Begriff der intertheoretischen Relation oder des *Bandes*. (Das Wort „Band“ wurde als Übersetzung des englischen Ausdrucks „Link“ gewählt.) Bänder setzen gewöhnlich bei den Klassen potentieller Modelle $M_p{}'$ und M_p zweier Theorie-Elemente an und charakterisieren darüber hinaus einen ‚Datenfluß‘ von $M_p{}'$ nach M_p. Der Begriff ist so allgemein gehalten, daß diese beiden Klassen auch identisch sein können, was zu *internen* Bändern führt. Nur die *externen* Bänder bilden daher echte intertheoretische Relationen. Neben einer systematischen Klassifikation von Bändern ist das Studium der Gesamtheiten von Theorie-Elementen von Interesse, die durch Bänder verknüpft sind. Als besonders wichtig erweist sich dabei der Begriff des *empirischen Theorienkomplexes*, der eine starke Verallgemeinerung des in Kap. 2 eingeführten Begriffs des Theoriennetzes darstellt. In den meisten Fällen, wo im präsystematischen Sprachgebrauch von einer physikalischen Theorie gesprochen wird, dürfte es sich bei adäquater Rekonstruktion um solche Theorienkomplexe handeln.

Die zum Teil überraschende Leistungsfähigkeit von Bändern zeigt sich u. a. darin, daß mit ihrer Hilfe die Querverbindungen explizit definierbar werden und sich das SNEEDsche Theoretizitätskriterium einfach formulieren läßt. Einen Ausblick auf künftige Forschungen liefert der Begriff des abstrakten Netzes verbundener Theorie-Elemente, zusammen mit dem Nachweis, daß derartige Netze endliche gerichtete Graphen sind.

Der abstrakte Netzbegriff gestattet es darüber hinaus, Typen globaler intertheoretischer Zusammenhänge zu unterscheiden, etwa zwischen hierarchischen Netzen und Netzen mit Schleifen. In einem philosophischen Ausblick werden drei diesbezügliche Möglichkeiten diskutiert. Die Annahme, daß die

Wissenschaften ‚hierarchisch aufgebaut' sein müßten, wie der *Fundamentalismus* behauptet, könnte sich als philosophisches Vorurteil erweisen. Als Rekonstruktionsalternativen, die sich vielleicht bewähren, bieten sich *Anti-Fundamentalismus* und *Kohärentismus* an.

Kapitel 10 ist dem Inkommensurabilitätsproblem gewidmet. Den Ausgangspunkt bildet eine Arbeit von D. PEARCE, in der dieser zu zeigen versucht, daß die vom gegenwärtigen Verfasser früher geäußerte These, die Inkommensurabilität zweier Theorien sei mit der Reduzierbarkeit der einen auf die andere verträglich, unhaltbar ist. Die Reduzierbarkeit hat nämlich, wie er zeigt, unter gewissen plausiblen Annahmen die Übersetzbarkeit im Gefolge. Inkommensurabilität ist jedoch mit Übersetzbarkeit sicherlich unverträglich. Die Analyse von PEARCE ist sehr detailliert und benützt neuere Resultate der Modelltheorie. Der Grundgedanke für die hier vorgeschlagene Lösung des Problems läßt sich intuitiv etwa so formulieren: Die Vertreter der Inkommensurabilitätsthese hatten keinen so allgemeinen Übersetzungsbegriff im Auge wie PEARCE, sondern dachten an spezielle Arten ‚bedeutungserhaltender' Übersetzungen. Nur für diese speziellen Fälle gilt die erwähnte Unverträglichkeit. Der allgemeine Übersetzungsbegriff ist dagegen mit Inkommensurabilität verträglich. Die Analyse von PEARCE hat sich als eine außerordentlich konstruktive Kritik erwiesen, da sie es ermöglichte, erstmals eine formale Präzisierung des Inkommensurabilitätsbegriffs selbst zu liefern. Auch diese auf W. BALZER zurückgehende Präzisierung wird eingehend geschildert.

Kapitel 11 befaßt sich mit SNEEDs Diskussion der Frage, ob der strukturalistische Ansatz mit dem *wissenschaftlichen Realismus* verträglich sei. Zunächst wird darauf hingewiesen, daß die Auffassung, der Strukturalismus sei eine Variante des ‚Instrumentalismus', unzutreffend ist. Das ‚Aussagenkonzept' ist in dem Sinn neutral, als es offen steht sowohl für eine instrumentalistische als auch für eine nicht-instrumentalistische Deutung. Mit dem strukturalistischen Ansatz muß es sich dann ebenso verhalten. Denn dieser nimmt am Assagenkonzept weder Umdeutungen noch Streichungen vor, sondern nur Ergänzungen. SNEED hat die Gründe dafür, warum trotzdem verschiedene prima-facie-Konflikte zwischen wissenschaftlichem Realismus und Strukturalismus bestehen, in einer Reihe von Thesen und Gegenthesen festzuhalten versucht, die ausführlich diskutiert werden. Sie betreffen zum Teil die logische Form der empirischen Aussagen, zum Teil die Referenz der in diesen Aussagen vorkommenden Terme und zum Teil den ontologischen Status von Individuen und Eigenschaften. Die Thesen sind so abgefaßt, daß die Unterschiede in den Auffassungen möglichst stark akzentuiert werden. Eine der Wurzeln für die Meinungsdifferenzen kann darin erblickt werden, daß nach realistischer Auffassung die logische Form der von Naturwissenschaftlern benützten Aussagen auf der Hand liegt, ‚*weil die Wissenschaftler das, was sie sagen, stets auch meinen*'. Nach strukturalistischer Auffassung hat diese vom Realismus als mehr oder weniger selbstverständlich unterstellte Annahme den Charakter eines *Dogmas*, das in dieser Form nicht haltbar ist. Daraus erklärt sich dann auch der zum Teil viel größere rekonstruktive Aufwand innerhalb des strukturalistischen Ansatzes. Weitere Differenzen ergeben sich daraus, daß in vielen Fällen, wo der Realist eine *Bedeutungskonstanz* annimmt, vom strukturalistischen Standpunkt aus von *Bedeutungsänderung* gesprochen werden muß, z.B. wegen einer Verkleinerung oder Vergrößerung der Menge *I* oder wegen Hinzufügung neuer bzw. Preisgabe alter Querverbindungen. Wie die genauere Analyse zeigt, können in der Auseinandersetzung zwischen wissenschaftlichem Realismus und Strukturalismus keine pauschalen Argumente vorgebracht werden; vielmehr hat die Diskussion einen typischen ‚Detailcharakter‘. Zu solchen Details gehören auch die Überlegungen darüber, wie ‚theoretische Individuen‘ zu behandeln sind.

Im **Kapitel 12** wird das „Überlegungsgleichgewicht" betitelte methodologische Prinzip von J. RAWLS aufgegriffen, welches als ein neuartiger Versuch gewertet werden kann, die Adäquatheit von Begriffsexplikationen und der mit ihnen verbundenen Theorien zu beurteilen. Nachdem die Wirksamkeit dieses Prinzips in fünf anderen Gebieten (Ethik, Logik, Philosophie der Mathematik, Induktionstheorie, Methodologie) aufgezeigt worden ist, wird der Versuch unternommen, auch von einem *Überlegungsgleichgewicht im Verhältnis von systematischer Wissenschaftsphilosophie und Wissenschaftsgeschichte* zu sprechen und diesen Gedanken insbesondere zur Klärung des Verhältnisses zwischen den Betrachtungen von T. S. KUHN und J. D. SNEED zu benützen. Es wird damit die Hoffnung verbunden, ein differenzierteres und adäquateres Bild der Beziehung zwischen diesen beiden Ideenwelten zu liefern als in früheren Veröffentlichungen.

In Ergänzung zu den beiden, durch die Schlagworte „Theorienimmunität" und „Inkommensurabilität" bezeichneten KUHNschen Herausforderungen gibt es eine dritte, welche die *Induktionsproblematik* betrifft. Sie ist erst in den letzten Jahren mit größerer Deutlichkeit zutage getreten. Im **Kapitel 13** wird versucht, in knapper Form das Augenmerk auf diesen Punkt zu lenken. Wenn man dieses Thema auf KUHNS vordringliches Problem zuschneidet, so transformiert es sich in die Frage nach den Kriterien für rationale Theorienwahl. Dieses Problem ist nach KUHN lösbar, aber nicht aufgrund allgemeiner Regeln, sondern aufgrund von Fachwissen in konkreten historischen Umständen. Da keine Regeln ins Spiel kommen, hat auch die Philosophie hier nichts zu suchen. Diese Auffassung, die man KUHNS *These über Induktion* nennen könnte, ist verblüffend einfach formulierbar und trotzdem von unüberbietbarer philosophischer Radikalität (und daher vermutlich ohne historisches Vorbild). Denn danach wird die Lösung des Induktionsproblems der Kompetenz des Philosophen völlig entzogen und der alleinigen Kompetenz von Fachleuten anheimgestellt. Wie angedeutet wird, läßt sich diese These sogar für den ‚normalwissenschaftlichen Fall‘ parallelisieren. Zugleich wird aber darauf hingewiesen, daß man mit der Annahme dieser These über Induktion Gefahr läuft, die empirischen Wissenschaften als *arationale Unternehmungen* bezeichnen zu müssen. Gegen Ende des Kapitels werden daher die Umrisse eines Forschungsprojektes skizziert, dessen Realisierung uns aus diesem Dilemma herausführen und überdies das sogenannte ‚Problem der Induktion‘ in einem ganz neuen Licht erscheinen lassen würde.

Im **Kapitel 14** werden fünf Versuche geschildert, den strukturalistischen Ansatz auf nichtphysikalische Theorien anzuwenden. Für die Auswahl der Beispiele waren zwei Gesichtspunkte bestimmend. Erstens wurden nur solche Theorien gewählt, die der Physik möglichst fernstehen. Und zweitens wurden solche bevorzugt, bei denen die fachspezifischen Präliminarien möglichst kurz und der technische Aufwand möglichst gering gehalten werden können.

Als erstes wird in 14.1 die *Literaturtheorie nach R. Jakobson* in der Rekonstruktion von Balzer und Göttner behandelt. Dieses Beispiel wurde nicht nur wegen seiner Anschaulichkeit und relativen Einfachheit vorangestellt, sondern auch deshalb, weil die gewählte Reihenfolge der in 14.1.1 bis 14.1.5 vollzogenen Rekonstruktionsschritte für andere Fälle paradigmatisch sein könnte.

Eine Abweichung von diesem ,Paradigma' wird allerdings bereits durch das zweite, in 14.2 behandelte Beispiel der *tauschwirtschaftlichen Theorie* illustriert. Denn hier werden z. B. Spezialisierungen bereits vor der Beantwortung des Theoretizitätsproblems und der Charakterisierung der intendierten Anwendungen eingefügt. Die tauschwirtschaftliche Theorie wird als ein ,2-Phasen-Modell' gedeutet, bei dem die beteiligten Personen als rationale Wirtschaftssubjekte ihren Nutzen zu maximieren suchen. In Abweichung von üblichen Darstellungen werden die Nachfragefunktion sowie der Tauschwert als Funktionale (d. h. als Funktionenfunktionen) eingeführt. Ein potentieller Konflikt zwischen Fachleuten einerseits und Wissenschaftsphilosphen andererseits über die Identitätskriterien einer Rahmentheorie und die Art seiner Lösung werden durch eine Analogiebetrachtung zwischen der Rolle der Markträumungsforderung in der gegenwärtigen Theorie und dem dritten Axiom von Newton in der klassischen Partikelmechanik geschildert. Die Frage, wie die tauschwirtschaftliche Theorie adäquat zu rekonstruieren sei, ist zwischen Balzer und Haslinger lebhaft diskutiert worden. In der hier gegebenen Darstellung wird diese Diskussion und ihr Ergebnis bereits einbezogen.

14.3 beinhaltet die von Sneed gegebene strukturalistische Rekonstruktion einer auf R. Jeffrey zurückgehenden, besonders eleganten modernen Variante der *rationalen Entscheidungstheorie*. Da diese Jeffreysche Theorie im Bd. IV/1 der vorliegenden Reihe ausführlich behandelt wurde, kann bezüglich verschiedener technischer Details auf die dortigen Ausführungen zurückgegriffen werden. Erstmals handelt es sich um eine Theorie, die nicht nur als deskriptive Theorie interpretiert werden kann, sondern deren bevorzugte Deutung die *normative* ist. Über den Präferenzstrukturen als partiellen Modellen erheben sich die Wahrscheinlichkeits-Nutzen-Strukturen als potentielle Modelle. Diejenigen unter den letzteren, welche überdies die Axiome des rationalen Entscheidungskalküls erfüllen, bilden die Modelle oder Jeffrey-Strukturen; eine mögliche Querverbindung verlangt die Konstanz der Präferenzen. Als intendierte Anwendungen kann man diejenigen Präferenzstrukturen einer bestimmten Person in bestimmten Entscheidungssituationen einführen, welche die Resultate eines als Frage-Antwort-Spieles konstruierten Experimentes bilden. Und wie bei empirischen Theorien sind auch hier die intendierten Anwendungen vom Typus ,kleine Welt'. Legt man die bevorzugte Deutung zugrunde, so kann der Ramsey-

Sneed-Satz dieser Theorie natürlich nicht die zugeordnete empirische Behauptung heißen, sondern muß die ihr zugeordnete *Forderung* genannt werden. Eine Besonderheit des gegenwärtigen Beispieles liegt in einer Eigentümlichkeit der metrischen Skala: Für sogenannte reichhaltige Präferenzstrukturen sind Nützlichkeiten und Wahrscheinlichkeiten nur bis auf Gödel-Bolker-Transformationen eindeutig festgelegt.

Im Unterschied zu dem in 14.1 behandelten Beispiel sind die Fallstudien von 14.2 und 14.3 bereits in einem hinlänglichen Grad an Präzision formuliert, um über die Theoretizität in diesen Theorien vorkommender Funktionen keine bloßen Vermutungen aufstellen zu müssen; vielmehr läßt sich beide Male die *T*-Theoretizität bestimmter Funktionen relativ auf die jeweilige Theorie *T* mittels eines formalen Kriteriums *beweisen*.

In 14.4 wird der Versuch unternommen, die Grundzüge der *Neurosentheorie* von S. FREUD im strukturalistischen Rahmen zu rekonstruieren. Da es sich hierbei zum ersten Mal um eine Theorie handelt, bei der nicht nur die korrekte Deutung, sondern darüber hinaus die Wissenschaftlichkeit selbst strittig ist, soll der Rekonstruktionsversuch auch zur Beantwortung dieser grundsätzlicheren Frage einen Beitrag leisten. Die etwas längeren inhaltlichen Vorbetrachtungen dienen dazu, die Gefahr von Mißverständnissen zu mindern, deren Hauptquelle einerseits das ‚naiv-realistische' Reden über das Unbewußte und andererseits die völlig abweichende Terminologie in bestimmten Philosophenschulen bildet. Von der bloßen *Skizze* einer Rekonstruktion wird hier deshalb gesprochen, weil der mutmaßlich statistische Charakter des Fundamentalgesetzes ebenso unberücksichtigt bleibt wie die explizite Relativierung dieses Gesetzes auf ein soziokulturelles Umfeld. Der Modellbegriff wird in solcher Weise konzipiert, daß nur Lebensabschnitte *gesunder* Personen Modelle der Theorie sein können, d.h. die Rahmentheorie von FREUD wird als ‚Theorie des Gesunden' aufgefaßt. Die Neurosentheorie als eine Theorie *psychischer Erkrankungen* wird dagegen erst durch eine Modell*spezialisierung* eingeführt.

14.5 befaßt sich in Anknüpfung an DIEDERICH und FULDA mit der *Kapital-und Mehrwerttheorie* von K. MARX. Von einem bloßen *Schema* wird deshalb gesprochen, weil die Gesetzmäßigkeiten nur ihrer allgemeinen Form nach, nicht hingegen in ihrer detaillierten Gestalt angegeben werden. Im Gegensatz zu DIEDERICH und FULDA wird die Auffassung vertreten, daß die ökonomischen Theorien von MARX nicht ohne Heranziehung zweier MARXscher soziologischer Grundthesen zu vervollständigen sind. Dagegen dürfte eine Abspaltung von seiner Globaltheorie, ferner von seiner Humanismus-Philosophie sowie von seiner Erlösungsreligion möglich sein.

Es folgen fünf Bibliographien. Die erste enthält einführende und grundlegende Literatur, einschließlich solcher, die sich noch in Vorbereitung befindet.

In der zweiten werden einige weitere, im folgenden Text nicht berücksichtigte Anwendungen angeführt. Die an Wirtschaftswissenschaften interessierten Leser seien hier vor allem auf die Arbeiten von E. W. HÄNDLER hingewiesen. Leider enthalten diese starke fachspezifische Voraussetzungen, so daß sie nicht in den Abschnitt 14.2 des vorliegenden Buches einbezogen werden konnten.

An dritter Stelle wird eine Liste von kritischen Diskussionen angeführt. Allerdings werden hier nur solche Publikationen berücksichtigt, die einen substanziellen kritischen Beitrag zu mindestens einem der für den strukturalistischen Ansatz charakteristischen Aspekte enthalten.

Im vierten Verzeichnis wird Literatur zu dem Projekt von D. PEARCE und V. RANTALA angeführt, welches mit dem strukturalistischen verwandt ist, aber wesentlich stärkeren Gebrauch von formalen Methoden macht. Die hier noch bestehenden Differenzen sollten nicht übertrieben werden. Denn die Vertreter des strukturalistischen Ansatzes nehmen in der Frage der Benützung formaler Methoden im engeren Sinn des Wortes eine flexible Haltung ein: Wo immer es als nicht notwendig erscheint, formale Methoden anzuwenden, genügt der Rückgriff auf den Apparat der informellen Mathematik. Wo hingegen die Benützung formaler Methoden unerläßlich zu sein scheint (wie etwa bei der Frage der Ramsey-Eliminierbarkeit) oder zusätzliche Resultate zu liefern verspricht, sollte man von solchen Methoden unbedenklich Gebrauch machen.

Der letzten dieser Bibliographien sei eine kurze Bemerkung vorangeschickt. Mit Nachdruck ist von Vertretern des strukturalistischen Ansatzes immer wieder der Unterschied der Philosophie der empirischen Wissenschaften zur Metamathematik betont worden. In *einer* Hinsicht besteht jedoch eine Analogie, nämlich darin, daß man mit ‚möglichst Einfachem' beginnen muß und nicht den heutigen Forschungsstand einer entwickelten erfahrungswissenschaftlichen Disziplin zum Ausgangspunkt wählen kann. Wenn also z. B. gelegentlich die Forderung zu hören ist, die systematische Wissenschaftsphilosophie solle doch endlich die Quantenphysik zum Untersuchungsgegenstand für ihre logischen Rekonstruktionen machen, so könnte man versuchen, eine Analogie in der Weise zu ziehen, daß man fragt, was wohl HILBERT gesagt hätte, wenn jemand in den Zwanziger Jahren dieses Jhd. mit folgendem Ansinnen an ihn herangetreten wäre: „Du sollst dich in deinen beweistheoretischen Bemühungen nicht nur mit einer so ‚trivialen' Disziplin wie der elementaren Zahlentheorie beschäftigen. Beziehe doch endlich auch so etwas wie die Theorie der differenzierbaren Mannigfaltigkeiten in deine Beweistheorie ein!" HILBERT hätte nach seinem damaligen Wissensstand dem Betreffenden vermutlich erwidert, daß dieser offenbar die Gegenwart mit dem 21. oder 22. Jahrhundert verwechsle.

Ganz so schlimm verhält es sich nun allerdings in unserem Fall auch wieder nicht. Die Axiomatisierung von Theorien mit Hilfe informeller Prädikate z. B. gestattet es, ungeachtet ‚fundamentalistischer Skrupel' direkt bei Theorien von ‚relativ hohem Abstraktionsgrad' einzusetzen, ohne die ‚zugrunde liegenden' Theorien explizit mit einbeziehen zu müssen. Doch selbst von solchen Punkten aus beträgt die Entfernung zu Theorien, die den Forschungsstand der Gegenwart widerspiegeln, gewöhnlich noch viele Lichtjahre.

Ungeachtet dieser Tatsache sollte jeder Wissenschaftsphilosoph das Bemühen von Fachleuten um möglichst genaue begriffliche Durchdringung ihrer Disziplin begrüßen, sei es als Quelle der Anregung seiner Phantasie, sei es als potentielle Vorarbeit für seine und seiner Nachfolger spätere Bemühungen. Im Fall der Physik ist ein hervorstechender Fachmann dieser Art G. LUDWIG, ein in vorderster Front der heutigen Forschung arbeitender Quantenphysiker, dessen Untersuchungen viele interessante und wertvolle wissenschaftstheoretische Implikationen beinhalten. Eine Reihe von Berührungen zwischen seinem Projekt und dem strukturalistischen Konzept haben unabhängig voneinander E. SCHEIBE und C. U. MOULINES festgestellt. Um hier nur ein Beispiel für die ‚Integration LUDWIGscher Gedanken in den strukturalistischen Ansatz' zu erwähnen: Ohne seine prinzipiellen Überlegungen und Bemühungen wären die im Kap. 8 geschilderten strukturalistischen Erörterungen der Approximationsproblematik nicht möglich gewesen.

Das letzte der hier angefügten Literaturverzeichnisse enthält daher Arbeiten zum LUDWIGschen Projekt, darunter vor allem die wichtigsten Arbeiten von LUDWIG selbst sowie die Publikationen von E. SCHEIBE über das Verhältnis seines Projektes zum strukturalistischen Ansatz.

Für die späteren bibliographischen Angaben gilt folgendes: In Kap. 1 bis Kap. 13 wird die einschlägige Literatur jeweils am Ende des betreffenden Kapitels und in Kap. 14 am Ende jedes Abschnittes angeführt. Diese Aufspaltung der einheitlichen Bibliographie in 23 spezielle, sich zwangsläufig überschneidende Literaturverzeichnisse soll eine rasche und zielorientierte Information des Lesers ermöglichen. In allen Fällen mußte eine solche Auswahl getroffen werden, daß stets nur Veröffentlichungen einbezogen wurden, die unmittelbar auf das behandelte Thema Bezug nehmen.

Einführende und grundlegende Literatur

BALZER, W., *Empirische Theorien: Modelle – Strukturen –Beispiele*, Braunschweig 1982.

BALZER, W. und SNEED, J.D., „Generalized Net Stuctures of Empirical Theories", *Studia Logica* Bd. 36 (1977) und Bd. 37 (1978). Deutsche Übersetzung: „Verallgemeinerte Netz-Strukturen empirischer Theorien", in: W. BALZER und M. HEIDELBERGER (Hrsg.), *Zur Logik empirischer Theorien*, Berlin-New York 1983, S. 117–168.

BALZER, W., MOULINES, C.U. und SNEED, J.D., *Basic Structures in Scientific Theories*, in Vorbereitung, erster Entwurf Juli 1982.

BALZER, W., MOULINES, C.U. und SNEED, J.D., „The Structure of Empirical Science: Local and Global", erscheint in: *Proceedings of the 7th International Congress of Logic, Methodology and Philosophy of Science*, Salzburg 1983, North-Holland.

DIEDERICH, W., *Strukturalistische Rekonstruktionen*, Braunschweig 1981.

GÄHDE, U., *T-Theoretizität und Holismus*, Frankfurt a. M.-Bern 1983.

SNEED, J.D., *The Logical Structure of Mathematical Physics*, 2. Aufl. Dordrecht 1979.

SNEED, J.D., „Philosophical Problems in the Empirical Science of Science: A Formal Approach", *Erkenntnis* Bd. 10 (1976), S. 115–146.

STEGMÜLLER, W., II/2 *Theorie und Erfahrung*, Zweiter Halbband: *Theorienstrukturen und Theoriendynamik*, Berlin-Heidelberg-New York 1973, 2. verbesserte Aufl. 1985.

STEGMÜLLER, W., *The Structuralist View of Theories*, Berlin-Heidelberg-New York 1979.

STEGMÜLLER, W., *Neue Wege der Wissenschaftsphilosophie*, Berlin-Heidelberg-New York 1980.

Literatur über weitere Anwendungen

BALZER, W., *Empirische Geometrie und Raum-Zeit-Theorie in mengentheoretischer Darstellung*, Kronberg 1978.

BALZER, W., „Empirical Claims in Exchange Economics", in : W. STEGMÜLLER et al. (Hrsg.), *Philosophy of Economics*, Berlin-Heidelberg-New York 1982, S. 16–40.

BALZER, W. und KAMLAH, A., „Geometry by Ropes and Rods", *Erkenntnis* Bd. 15 (1980), S. 245–267.

BALZER, W. und MOULINES, C.U., „Die Grundstruktur der klassischen Partikelmechanik und ihre Spezialisierungen", *Zeitschr. Naturforsch.* Bd. 36a (1981), S. 600–608.

BALZER, W. und MÜHLHÖLZER, F., „Klassische Stoßmechanik", *Zeitschrift für allgemeine Wissenschaftstheorie* Bd. 13 (1982), S. 22–39.

HÄNDLER, E.W., *Logische Struktur und Referenz von mathematischen ökonomischen Theorien*, Dissertation, München 1979.

HÄNDLER, E.W., „The Logical Structure of Modern Neoclassical Static Microeconomic Equilibrium Theory", *Erkenntnis* Bd. 15 (1980), S. 35–53.

HÄNDLER, E.W., „The Role of Utility and of Statistical Concepts in Empirical Economic Theories", *Erkenntnis* Bd. 15 (1980), S. 129–157.

HÄNDLER, E.W., „The Evolution of Economic Theories: A Formal Approach", *Erkenntnis* Bd. 18 (1982), S. 65–96.

HÄNDLER, E.W., „Ramsey-Elimination of Utility in Utility Maximizing Regression Approaches", in: W. STEGMÜLLER et al. (Hrsg.), *Philosophy of Economics*, Berlin-Heidelberg-New York 1982, S. 41–62.

HÄNDLER, E.W., „Measurement of Preference and Utility", *Erkenntnis* Bd. 21 (1984), S. 319–347.

KOSTER, J. und SCHOTEN, E., „The Logical Structure of Rhythmics", *Erkenntnis* Bd. 18 (1982), S. 269–281.

MIESBACH, B., *Strukturalistische Handlungstheorie*, Opladen 1984.

MOULINES, C.U., *Zur Logischen Rekonstruktion der Thermodynamik*, Dissertation, München 1975.

MOULINES, C.U., „A Logical Reconstruction of Simple Equilibrium Thermodynamics", *Erkenntnis* Bd. 9 (1975), S. 101–130.

MOULINES, C.U., „An Example of a Theory Frame: Equilibrium Thermodynamics", in: J. HINTIKKA et al. (Hrsg.), *Proceedings of the 1978 Pisa Conference on the History and Philosophy of Science, Vol. II*, Dordrecht 1981, S. 211–238.

THAGARD, P., „Hegel, Science and Set Theory", *Erkenntnis* Bd. 18 (1982), S. 397–410.

WESTMEYER, H., FRIEDHELM, E., WINKELMANN, K. und NELL, V., „A Theory of Behavior Interaction in Dyads: A Structuralist Account", *Metamedicine* Bd. 3 (1982), S. 209–231.

Kritische Diskussionen des strukturalistischen Konzeptes

DIEDERICH, W., „Stegmüller on the Structuralist Approach in the Philosophy of Science", *Erkenntnis* Bd. 17 (1982), S. 377–397.

FEYERABEND, P., „Changing Patterns of Reconstruction" (Besprechung von W. STEGMÜLLER, *II/2*, 1973), *The British Journal for the Philosophy of Science* Bd. 28 (1977), S. 351–359.

GLYMOUR, C., *Theory and Evidence*, Princeton, N. J., 1980.

HARRIS, J.H., „A Semantic Alternative to the Sneed-Stegmüller-Kuhn Conception of Scientific Theories", *Acta Philosophica Fennica* Bd. 30 (1979), S. 184–204.

HUCKLENBROICH, P., „Epistemological Reflections on the Structuralist Philosophy of Science", *Metamedicine* Bd. 3 (1982), S. 279–296.

KOCKELMANS, J.L., Besprechung von W. STEGMÜLLER, *II/2*, 1973, *Philosophy of Science* Bd. 43 (1976), S. 293–297.

KUHN, T.S., „Theory as Structure-Change: Comments on the Sneed Formalism", *Erkenntnis* Bd. 10 (1976), S. 179–199.

NIINILUOTO, I., „The Growth of Theories: Comments on the Structuralist Approach", in: J. HINTIKKA et al. (Hrsg.), *Proceedings of the 1978 Pisa Conference on the History and Philosophy of Science, Vol. I*, Dordrecht 1981, S. 3–47.

PEARCE, D., „Is There any Theoretical Justification for a Nonstatement View of Theories?", *Synthese* Bd. 46 (1981), S. 1–39.

PEARCE, D., „Comments on a Criterion of Theoreticity", *Synthese* Bd. 48 (1981), S. 77–86.

PEARCE, D., Besprechung von W. STEGMÜLLER, *II/2*, 1973, und *The Structuralist View of Theories*, 1979, *The Journal of Symbolic Logic* Bd. 47 (1982), S. 464–470.

PEARCE, D., „STEGMÜLLER on KUHN and Incommensurability", *The British Journal for the Philosophy of Science* Bd. 33 (1982), S. 389–396.

PRZELECKI, M., „A Set-Theoretic versus a Model-Theoretic Approach", *Studia Logica* Bd. 33 (1974), S. 91–105.

RANTALA, V., „On the Logical Basis of the Structuralist Philosophy of Science", *Erkenntnis* Bd. 15 (1980), S. 269–286.

TUOMELA, R., „On the Structuralist Approach to the Dynamics of Theories", *Synthese* Bd. 39 (1978), S. 211–231.

Literatur zum Projekt von D. Pearce und V. Rantala

Vergleiche zu beiden Autoren auch die Angaben im Verzeichnis über kritische Diskussionen des strukturalistischen Konzeptes.

PEARCE, D., „Some Relations between Empirical Theories", *Epistemologia* Bd. 4 (1981), S. 363–379.

PEARCE, D., „Logical Properties of the Structuralist Concept of Reduction", *Erkenntnis* Bd. 18 (1982), S. 307–333.

PEARCE, D. und RANTALA, V., „New Foundations for Metascience", *Synthese* Bd. 56 (1983), S. 1–26.

PEARCE, D. und RANTALA, V., „Limiting Case Correspondence between Physical Theories", in: W. BALZER et al. (Hrsg.), *Reduction in Science*, Dordrecht 1984, S. 153–185.

RANTALA, V., *Aspects of Definability*, Acta Philosophica Fennica Bd. 29, Amsterdam 1977.

RANTALA, V., „The Old and the New Logic of Metascience", *Synthese* Bd. 39 (1978), S. 233–247.

RANTALA, V., „Correspondence and Non-Standard Models: A Case Study", in: I. NIINILUOTO und R. TUOMELA (Hrsg.), *The Logic and Epistemology of Scientific Change*, Acta Philosophica Fennica Bd. 30, Amsterdam 1979, S. 366–378.

Literatur zum Projekt von G. Ludwig und zum Vergleich dieses Projektes mit dem strukturalistischen Ansatz

BALZER, W., „Günther Ludwigs Grundstrukturen einer physikalischen Theorie", *Erkenntnis* Bd. 15 (1980), S. 391–408.

LUDWIG, G., *Deutung des Begriffs ‚Physikalische Theorie' und axiomatische Grundlegung der Hilbertraumstruktur der Quantenmechanik durch Hauptsätze des Messens*, Berlin-Heidelberg-New York 1970.

LUDWIG, G., *Die Grundstrukturen einer physikalischen Theorie*, Berlin-Heidelberg-New York 1978.

LUDWIG, G., „Axiomatische Basis einer physikalischen Theorie und theoretische Begriffe", *Zeitschrift für allgemeine Wissenschaftstheorie* Bd. 12 (1981), S. 55–74.

LUDWIG, G., *Foundations of Quantum Mechanics I*, New York-Heidelberg-Berlin 1983.

LUDWIG, G., „Restriction and Embedding", in: W. BALZER et al. (Hrsg.), *Reduction in Science*, Dordrecht 1984, S. 17–31.

LUDWIG, G., *An Axiomatic Basis for Quantum Mechanics*, zwei Bände, Berlin-Heidelberg-New York-Tokyo, erscheint voraussichtlich 1985.

SCHEIBE, E., „A Comparison of two Recent Views on Theories", *Metamedicine* Bd. 3 (1982), S..234–253.

SCHEIBE, E., „Two Types of Successor Relations between Theories", *Zeitschrift für allgemeine Wissenschaftstheorie* Bd. 14 (1983), S. 68–80.

SCHEIBE, E., „Ein Vergleich der Theoriebegriffe von Sneed und Ludwig", in: E. LEINFELLNER et al. (Hrsg.), *Erkenntnis- und Wissenschaftstheorie, Akten des 7. Internationalen Wittgenstein Symposiums*, Wien 1983, S. 371–383.

SCHEIBE, E., „Explanation of Theories and the Problem of Progress in Physics", in: W. BALZER et al. (Hrsg.), *Reduction in Science*, Dordrecht 1984, S. 71–94.

WERNER, R., *The Concept of Embeddings in Statistical Mechanics*, Dissertation, Marburg 1982.

Kapitel 1

Intuitiver Zugang zum strukturalistischen Theorienkonzept

1.1 Ein neues Verfahren der rationalen Nachkonstruktion

1.1.1 Das Dilemma der heutigen Wissenschaftsphilosophie. Rationale Nachkonstruktion oder rationale Rekonstruktion ist ein zentraler Gedanke der systematisch orientierten Wissenschaftsphilosophie. In Anwendung auf Theorien – das Wort „Theorie" stets im später charakterisierten globalen Sinn verstanden – beinhaltet er die Aufgabe, Klarheit über den inneren Aufbau von Theorien, über ihre Anwendungen sowie gegebenenfalls über die zwischen ihnen bestehenden Beziehungen zu gewinnen.

In der heutigen philosophischen Landschaft stößt die Idee der präzisen Rekonstruktion von Theorien in zunehmendem Maße auf Skepsis. Diese wird hauptsächlich aus zwei verschiedenen Quellen gespeist. Einige Skeptiker – wir nennen sie im folgenden die Skeptiker der ersten Klasse – vertreten die Auffassung, daß rationale Nachkonstruktion überhaupt *nicht notwendig* sei. Es genüge völlig, sich am tatsächlichen Wissenschaftsbetrieb und den Publikationen der Fachleute zu orientieren. Zur Stützung dieser Auffassung wird bisweilen darauf hingewiesen, die *historisch-pragmatische Wende* in der neuzeitlichen Philosophie der Wissenschaften habe das Bewußtsein dafür geschärft, daß mit jedem Präzisierungsversuch Auslassungen mehr oder weniger wichtiger Details, nicht zu rechtfertigende Vereinfachungen und Schablonisierungen, insgesamt Verstümmelungen der untersuchten Theorien, verbunden seien, welche die dadurch erzielten Vorteile überkompensieren.

So plausibel dieser Einwand prima facie erscheinen mag, erzeugt er doch unmittelbar ein großes Dilemma. Sollen wir uns, wenn wir über bestimmte Theorien sprechen wollen, einfach auf ‚die üblichen lehrbuchartigen Darstellungen' beziehen? Hier stellt man leicht fest, daß diese Darstellungen selbst in den exaktesten Disziplinen häufig stark voneinander abweichen sowie daß sie in gewissen Hinsichten mehrdeutig und in anderen Hinsichten vage sind, so daß man mit vielen Unklarheiten konfrontiert bleibt. In anderen Disziplinen ist die Situation noch ungünstiger. Angenommen, es geht darum, sich mit der Neurosentheorie auseinanderzusetzen. Um nicht ins Uferlose zu gelangen, werde von den Interessenten der Beschluß gefaßt, sich nur mit der Neurosentheorie Sigmund FREUDS zu befassen. Wo aber finden wir diese Theorie? Vermutlich in FREUDS gesammelten Werken. Verschiedene Interpreten werden aus dem, was dort zu lesen ist, sehr verschiedenartige Theorien herauslesen. Aller Voraussicht nach wird es zu endlosen Diskussionen darüber kommen, ‚was Freud eigentlich gemeint hat', wie tatsächliche oder vermeintliche Inkonsistenzen in seinen Behauptungen zu beheben sind, welche seiner Aussagen wichtiger sind als andere und welche für die Zwecke genauerer Untersuchungen vernachlässigt werden können. Ein solches Einmünden in Streitigkeiten um die korrekte Textexegese oder Ähnliches dürfte paradigmatisch sein für die Konsequenzen der Haltung von Skeptikern der ersten Klasse.

Diese bekommen allerdings Schützenhilfe von den Skeptikern einer zweiten Klasse. Die Skeptiker der zweiten Art behaupten, daß die angestrebten Rekonstruktionen, so wünschenswert sie auch sein mögen, gar *nicht möglich* seien. Die Methoden der Formalisierung, welche die moderne Logik zur Verfügung stelle, seien viel zu kompliziert und schwer zu handhaben, um wirklich interessante Theorien unter Benützung dieser Instrumente zum Gegensatz der Untersuchung machen zu können. Was dabei am Ende herauskomme, sei eine Beschäftigung mit solchen fiktiven und äußerst primitiven Analogiemodellen zu echten Theorien, die sich in der Sprache der Logik erster Stufe mit ein- oder höchstens zweistelligen Prädikaten formulieren lassen.

Damit ist das fundamentale Dilemma der heutigen Wissenschaftsphilosophie lokalisiert: *Rationale Rekonstruktion ist* außerordentlich wünschenswert, ja für viele Zwecke sogar dringend *notwendig, aber* sie ist *nicht möglich*.

Um aus dieser Schwierigkeit herauszukommen, müßten neue Wege aufgezeigt werden, die so etwas wie rationale Rekonstruktion möglich machen, ohne in die Sackgasse des formalsprachlichen Vorgehens hineinzugeraten. Eine Befreiung von dem Dilemma ist erst in Sicht, wenn die Frage beantwortet wird: *Wie ist rationale Nachkonstruktion in der Wissenschaftsphilosophie möglich?*

1.1.2 Ein möglicher Ausweg. Den Ansatz für eine Lösung bildet eine vor über 20 Jahren gegebene programmatische Erklärung von P. SUPPES, in welcher er den Wissenschaftsphilosophen empfiehlt, sich inskünftig *nicht metamathematischer*, sondern *mathematischer* Methoden zu bedienen. Damit war folgendes gemeint: Metamathematische Methoden – den Ausdruck „metamathematisch" im weitesten Sinne des Wortes genommen[1] – machen ausnahmslos von formalen Sprachen Gebrauch, d.h. die in metamathematischen Untersuchungen studierten Theorien sind stets im Symbolismus formaler Sprachen abgefaßt. Nur dadurch kann der dort angestrebte Präzisionsgrad erreicht werden.

Auch die moderne Mathematik strebt ein hohes Maß an Präzision an. Wie sich herausgestellt hat, ist dafür jedoch keine Vollformalisierung mathematischer Theorien notwendig. Es genügt, die *informelle Mengenlehre* als Grundlage

---

[1]   In einer wesentlich engeren Bedeutung von „Metamathematik" versteht man darunter dasselbe wie „Beweistheorie" im Hilbertschen Sinn. Hier hingegen wird der weite Sinn dieser Bezeichnung zugrunde gelegt, wonach alle metatheoretischen Untersuchungen darunter fallen, die sich auf Theorien beziehen, welche *in einer formalen Kunstsprache formuliert* sind.

für den Aufbau der mathematischen Spezialdisziplinen zu wählen. (Diese informelle Mengenlehre ist allerdings selbst im Hinblick auf die Resultate der axiomatischen Mengenlehre zu formulieren; vgl. dazu die diesbezüglichen Bemerkungen in Kap. 5.) Als paradigmatisches Beispiel für präzises mathematisches Arbeiten kann das Werk von BOURBAKI dienen, oder, um noch eine andere Alternative zu nennen, das Werk von DIEUDONNÉ.

Der Ratschlag von SUPPES ist nun leicht zu verstehen. Er möchte damit sagen, daß der Präzisionsstandard der modernen Mathematik für das Studium empirischer Theorien durchaus hinreichend ist. Konkreter gesprochen: Die Wissenschaftstheoretiker sollten sich auch dann, wenn es ihnen um exakte Resultate geht, an BOURBAKI, nicht jedoch am Werk eines Metamathematikers über mathematische Logik, wie z.B. SHOENFIELD, orientieren. Auch die *Begründung*, die SUPPES für seinen Ratschlag gibt, leuchtet prinzipiell ein: Könnten sich die Wissenschaftsphilosophen entschließen, den von ihnen erstrebten Präzisionsstandard von der metamathematischen auf die mathematische Ebene zurückzuschrauben, so würden sie damit einen außerordentlichen Vorteil erkaufen. Sie könnten dann nämlich endlich daran gehen, sich mit ‚wirklichen‘ Theorien, insbesondere mit ‚wirklichen‘ physikalischen Theorien zu beschäftigen, statt sich mit fiktiven Analogiemodellen zufriedengeben zu müssen.

SUPPES dachte dabei vor allem an die erste große Aufgabe jeder wissenschaftsphilosophischen Beschäftigung mit einer Theorie, nämlich: die mathematische Grundstruktur dieser Theorie genau anzugeben. Dies geschieht im Rahmen des axiomatischen Aufbaues der fraglichen Theorie. Die einfachste und eleganteste Methode der Axiomatisierung einer Theorie besteht darin, diese Theorie durch ein *mengentheoretisches Prädikat* zu charakterisieren. Diese Methode ist mit großem Erfolg in der Mathematik angewendet worden. Die Axiomatisierung der Gruppentheorie oder der Theorie der Vektorräume erfolgt dadurch, daß man das Prädikat „x ist eine Gruppe" bzw. „x ist ein Vektorraum (über einem Körper)" definiert. SUPPES schlägt nun vor, auch die Axiomatisierung physikalischer Theorien, etwa der klassischen Partikelmechanik oder der Quantenmechanik, in der Weise vorzunehmen, daß man die entsprechenden mengentheoretischen Prädikate „x ist eine klassische Partikelmechanik" oder „x ist eine Quantenmechanik" definiert. (Für die verschiedenen Bedeutungen der Wendung „Axiomatisierung einer Theorie" vgl. II/2, S. 34–42.)

Die dabei benützte Methode könnte man *informelle Formalisierung* nennen. Diese nur scheinbar widersprüchliche Bezeichnung ist so zu verstehen: Die Wendung „Formalisierung" soll kein formalsprachliches Vorgehen andeuten, sondern allein darauf hinweisen, daß dieses axiomatische Vorgehen dem Präzisionsstandard der heutigen Mathematik genügt. Und das Attribut „informell" beinhaltet, daß als mengentheoretisches Grundsymbol das Zeichen „$\in$" für die Elementschaftsrelation gewählt wird und die logischen Ausdrücke in ihrer üblichen umgangssprachlichen Bedeutung zu verstehen sind, allerdings ausgestattet mit den bekannten Normierungen im Falle des „wenn ... dann– – –". Insbesondere sind Junktoren und Quantoren keine Zeichen einer formalen Sprache, sondern bloße Abkürzungen.

Zum Zwecke der Illustration dieser Methode wählen wir eine Miniaturtheorie, nämlich die *archimedische Statik* oder *archimedische Gleichgewichtstheorie*. Wir schreiben das diese Theorie ausdrückende Prädikat explizit an, zum einen deshalb, um die Methode an einem sehr einfachen Fall zu veranschaulichen, und zum anderen aus dem Grunde, weil wir dadurch in späteren Abschnitten dieses einführenden Kapitels verschiedene andere wichtige Aspekte der strukturalistischen Theorienauffassung ebenfalls an diesem sehr elementaren Beispiel erläutern werden.

Der Objektbereich der durch diese Theorie beschriebenen Gleichgewichtssysteme besteht aus n Gegenständen $a_1, \ldots, a_n$, die sich um einen Drehpunkt im Gleichgewicht befinden. Die Theorie benützt außerdem zwei Funktionen d (Distanz) und g (Gewicht), wobei d den Abstand der n Objekte vom Drehpunkt mißt, während g das Gewicht dieser Objekte angibt. Die beiden Größen d und g genügen den Forderungen, daß erstens der g-Wert stets positiv ist und daß zweitens die Summe der Produkte $d(a_i) \cdot g(a_i)$ für diejenigen Gegenstände, die sich auf der einen Seite des Drehpunktes befinden, stets dieselbe ist wie die analoge Summe für die Objekte auf der anderen Seite des Drehpunktes. Dieses Prinzip wird auch *die goldene Regel der Statik* genannt. Wir werden diese Regel so formulieren, daß wir alle Summanden auf eine Seite bringen und damit eine Summe von Produkten erhalten, die den Gesamtwert 0 hat.

Nach diesen Vorbetrachtungen können wir unser Prädikat wie folgt definieren:

x ist ein *AS* (eine *archimedische Statik*) gdw es ein A, d, und g gibt, so daß gilt:

(1) $x = \langle A, d, g \rangle$;
(2) A ist eine endliche, nichtleere Menge, z. B. $A = \{a_1, \ldots, a_n\}$;
(3) (a) $d: A \to \mathbb{R}$;
    (b) $g: A \to \mathbb{R}$;
        d.h. d und g sind Funktionen von A in $\mathbb{R}$;
(4) für alle Objekte $a \in A$ gilt: $g(a) > 0$;
(5) $\sum\limits_{i=1}^{n} d(a_i) \cdot g(a_i) = 0$ (goldene Regel der Statik).

Die ersten vier Bestimmungen charakterisieren das *Begriffsgerüst* der Theorie. Entitäten, welche diese Bestimmungen (1) bis (4) erfüllen, nennen wir daher auch *mögliche* oder *potentielle Modelle* unserer Theorie. Denn in bezug auf solche Entitäten ist die Frage sinnvoll, ob sie archimedische Gleichgewichtssysteme sind, eine Frage, die dann und nur dann bejahend zu beantworten ist, wenn eine solche Entität auch die Bestimmung (5) erfüllt. Wir nennen hier (5) das *eigentliche* Axiom unserer Theorie. Alle Entitäten, die sämtliche angeführten Bedingungen erfüllen, also auch das eigentliche Axiom, heißen *Modelle* unserer Theorie. Wenn wir „*AS*" das unsere Theorie ausdrückende Prädikat nennen, so sind die Modelle genau die Wahrheitsfälle des die Theorie ausdrückenden Prädikates.

Potentielle Modelle und Modelle können daher auch als Extensionen geeigneter Prädikate eingeführt werden. Die Modelle bilden die Extension des Prädikates „AS". Unter „AS_p" verstehen wir das Prädikat, welches aus „AS" dadurch entsteht, daß man die Bestimmung (5) wegläßt. Dann ist die Klasse der potentiellen Modelle die Gesamtheit aller x, die das Prädikat „AS_p" erfüllen, was dasselbe ist wie die Klasse

$$\{x \mid x \text{ ist ein } AS_p\},$$

während die Klasse der Modelle identifiziert werden kann mit der folgenden Klasse:

$$\{x \mid x \text{ ist ein } AS\}.$$

Wir benützten für unsere Unterteilung eine Unterscheidung zwischen denjenigen Bestimmungen, die das ,bloße Begriffsgerüst' ausmachen, und solchen, welche die ,eigentlichen' Axiome bilden, da nur die letzteren echte Gesetze zum Inhalt haben. Daß wir mit der Bestimmung (5) in unserem speziellen Fall nur ein einziges derartiges Gesetz formulierten, hat natürlich nichts zu besagen; es könnte durchaus mehrere Gesetze dieser Art geben. Andererseits darf man darin nicht bloß ein Symptom für die außerordentliche Primitivität unserer Theorie erblicken. Denn z.B. auch im Fall der klassischen Partikelmechanik haben wir es nur mit einem Fundamentalgesetz zu tun, wie die Bestimmung (2) aus D3 in II/2, S. 109 (bzw. hier: (2) aus D8–17) zeigt.

Vorläufig müssen wir allerdings zugeben, daß die Unterscheidung zwischen denjenigen Bestimmungen, die das Begriffsgerüst einer Theorie mathematisch charakterisieren, und denjenigen, die echte Gesetze ausdrücken, vage ist. Dies bedeutet jedoch nicht, daß die Grenze willkürlich gezogen wird. Würde man z.B. im gegenwärtigen Fall die Bestimmung (4) in die Gesetze mit einbeziehen, oder analog im Fall der klassischen Partikelmechanik die Bestimmung (6) aus D2 in II/2, S. 108 (bzw. aus D8–16 in diesem Buch), so würde ein Naturwissenschaftler dem mit Recht entgegenhalten, daß es sich bei diesen Bestimmungen ,bloß um Beschreibungen der formalen Struktur physikalischer Größen' handle, im gegenwärtigen Fall um die der Gewichtsfunktion und in jenem interessanteren Fall um die der Kraftfunktion. In Kap. 5 soll versucht werden, ein präzises Kriterium für diese Unterscheidung zu formulieren. Dabei wird uns die intuitive Idee leiten, daß echte Gesetze stets *Verknüpfungsgesetze* sind, in denen mehrere in der Theorie vorkommende Größen miteinander verknüpft werden. Wie eine kurze Betrachtung der jeweiligen Bestimmungen lehrt, drückt im Fall von AS nur die letzte Bestimmung ein solches Verknüpfungsgesetz aus und im Fall KPM nur das zweite Axiom von Newton, also die Bestimmung (2) aus D3, II/2, S. 109 (bzw. hier: D8–17, (2)).

Diejenige Theorie, um deren Rekonstruktion es geht, soll *die präsystematisch vorgegebene Theorie* heißen. Im Augenblick ist dies die archimedische Gleichgewichtstheorie; an der angegebenen Stelle in II/2 war es die klassische Partikelmechanik. Das Ergebnis des ersten Rekonstruktionsschrittes, nämlich das durch explizite Definition eingeführte mengentheoretische Prädikat, nennen wir das die präsystematisch vorgegebene Theorie ausdrückende Prädikat oder einfach, wie bereits im obigen Beispiel, *das die Theorie ausdrückende Prädikat*. In den beiden erwähnten Fällen sind dies die Prädikate „AS" bzw. „KPM".

Wir werden sehr häufig in die Lage kommen, über die Extensionen von Prädikaten zu sprechen, die eine Theorie ausdrücken. In solchen Fällen wäre es lästig, stets von dem die Theorie ausdrückenden Prädikat Gebrauch zu machen. Zweckmäßiger ist es, von vornherein einheitliche Symbole zu benützen. Die Klasse der Modelle einer Theorie nennen wir M und die entsprechende Klasse der potentiellen Modelle M_p. Dieser vereinfachende Symbolismus ist natürlich nur dann zulässig, wenn entweder aus dem Kontext eindeutig hervorgeht, welche Theorie gemeint ist, oder wenn diese Symbole als Variablen benützt werden. Bei der ersten Gebrauchsweise fügen wir im Zweifelsfall vorsorglich das die Theorie ausdrückende Prädikat in Klammern hinzu, schreiben also z. B. $M(AS)$ für die Menge der Modelle der archimedischen Statik und $M_p(AS)$ für die Menge der potentiellen Modelle dieser Theorie. $M(AS)$ ist somit identisch mit der obigen Klasse $\{x|x$ ist ein $AS\}$, während $M_p(AS)$ identisch ist mit $\{x|x$ ist ein $AS_p\}$. Am zweiten Beispiel zeigt sich übrigens ein weiterer Vorteil des neuen Symbolismus: Um die Menge M_p zu charakterisieren, ist es nicht erforderlich, zusätzlich zum Grundprädikat „AS" noch das spezielle Prädikat „AS_p" einzuführen. Vorausgesetzt wird nur, daß wir genau darüber Bescheid wissen, welche Bestimmungen nur den begrifflichen Aufbau schildern und welche die ‚eigentlichen‘ Gesetze zum Inhalt haben.

Sobald der erste Rekonstruktionsschritt vollzogen, das die Theorie ausdrückende Prädikat also definiert worden ist, werden wir uns zwecks abkürzender Sprechweise über dieses Prädikat auf die Theorie selbst beziehen und statt von der archimedischen Gleichgewichtstheorie von der Theorie AS bzw. statt von der klassischen Partikelmechanik von der Theorie KPM sprechen.

Wenn wir Gebrauch machen von mengentheoretischen Prädikaten, welche Theorien ausdrücken, werden wir dies gelegentlich die *quasi-linguistische Sprechweise* nennen. Wenn wir uns dagegen direkt, d.h. ohne Umweg über Prädikate, auf mengentheoretische Entitäten beziehen, so nennen wir dies die *modelltheoretische Sprechweise*. Die letztere wird immer dann in den Vordergrund treten, wenn wir von konkreten Beispielen abstrahieren und Theorien bzw. Theoriennetze allgemein charakterisieren, sowie dann, wenn intertheoretische Relationen den Untersuchungsgegenstand bilden. (In II/2 sind beide Sprechweisen ausgiebig benützt worden. Die quasi-linguistische Sprechweise überwiegt dort bei der Analyse der mit Theorien verbundenen empirischen Behauptungen bis einschließlich S. 102. Die modelltheoretische Sprechweise tritt dagegen in den Vordergrund bei der abstrakten Beschreibung von Theorien auf S. 120 ff. und S. 218 ff.) Es wird sich später herausstellen, daß die modelltheoretische Sprechweise der quasi-linguistischen oft erheblich überlegen ist, wie z. B. beim Studium intertheoretischer Relationen.

Wir beschließen diesen Abschnitt mit einem nochmaligen Hinweis auf zwei praktisch wichtige Punkte. Erstens sollte nicht vergessen werden, daß und warum wir *keine formalen Sprachen* benützen. Insbesondere sind die von uns neu eingeführten linguistischen Gebilde stets *informelle* mengentheoretische Prädikate, in deren Definiens logische und mengentheoretische Zeichen nur als *intuitive Zeichen* im früher geschilderten Sinn verwendet werden. So etwa haben wir das Prädikat „*AS*" für alle unsere Zwecke – und dies bedeutet, wie sich zeigen wird, *für alle wissenschaftstheoretisch relevanten Zwecke* – hinlänglich präzisiert, ohne in seinem Definiens eine formale Sprache zu benützen. Hätten wir dies getan, so wären wir mit keiner ganz einfachen Sprache ausgekommen. Denn das Begriffsinventar der Theorie *AS* enthält die beiden reellen Funktionen *d* und *g*. In einer der Formalisierung von *AS* dienenden formalen Sprache müßten daher Terme vorkommen, die diese Funktionen designieren. Die Sprache müßte insbesondere reich genug sein, um darin die Menge $\mathbb{R}$ einzuführen. (Im Fall der Theorie *KPM* verhielte es sich wesentlich komplizierter, wie ein Blick auf D2, S. 109, von II/2 zeigt. Zum Zweck der formalen Charakterisierung der Kraftfunktion hätte man z. B. in einer geeigneten formalen Sprache den mathematisch strukturierten Raum $\mathbb{R}^3$ zu beschreiben und man müßte außerdem die Möglichkeit haben, Funktionsbezeichnungen einzuführen, deren Designate auf dem dreifachen kartesischen Produkt $P \times T \times \mathbb{N}$, mit dem mathematisch strukturierten Raum $\mathbb{N}$ als letztem Glied, definiert sind und deren Werte in $\mathbb{R}^3$ liegen.)

Zweitens ist nochmals daran zu erinnern, daß dieses Vorgehen *rein praktisch motiviert* worden ist. Es sind, kurz und bündig formuliert, *keine theoretischen Vorzüge, sondern menschliche Unzulänglichkeiten*, die uns veranlassen, den Weg einzuschlagen, dessen erstes Teilstück wir soeben vage skizziert haben. Auch an diese Tatsache sollte sich der Leser später immer wieder erinnern. Denn einige Kritiker haben zwischen dem strukturalistischen Vorgehen und anderen Methoden gleichsam metaphysische Wälle aufgebaut, die nicht existieren. Auch der innerhalb des strukturalistischen Ansatzes vertretene sogenannte ‚non-statement view' von Theorien enthält, wie wir erkennen werden, keine Verwerfung herkömmlicher Denkweisen. Vielmehr besteht er seinem Wesen nach in *wichtigen Ergänzungen* zu diesen Denkweisen und Denkmodellen, nämlich solchen Ergänzungen, die es ermöglichen, viel differenziertere, subtilere und präzisere Aussagen zu machen als diejenigen Auffassungen, in denen von vornherein Theorien mit Satzklassen identifiziert werden.

Und eben deshalb, weil das Vorgehen nur praktische Motive hat, wäre es auch sinnlos, daran *unbedingt* festzuhalten. Ohne Zweifel gibt es Spezialfragen, die sich nur mit formalen Methoden im engeren Sinn des Wortes behandeln lassen. In solchen Fällen ist der Rückgriff auf derartige Verfahren unerläßlich. Ein Problem dieser Art, auf welches wir hier nicht mehr zurückkommen werden, ist vermutlich das Problem der Ramsey-Eliminierbarkeit. (Vgl. dazu II/2, S. 90. Zur Vermeidung von Mißverständnissen sei der Leser hierbei daran erinnert, daß dieses Problem nichts zu tun hat mit der Wiedergabe empirischer Behauptungen von Theorien durch Ramsey-Sätze.) Insgesamt empfehlen wir also, eine flexible Haltung einzunehmen und in der Frage der Anwendung formalsprachlicher Methoden eine pragmatische Stellung zu beziehen.

Außerdem sollte nicht übersehen werden, daß es ein ganzes Spektrum von informellen Verfahren gibt, die alle den Präzisionsgrad der modernen Mathematik erfüllen und für unsere Zwecke nutzbar gemacht werden können. Neben den beiden bereits genannten Methoden hat sich in letzter Zeit vor allem das Arbeiten mit der mathematischen Kategorientheorie als sehr fruchtbar erwiesen. Denn die mit naturwissenschaftlichen Theorien verknüpften grundlegenden Invarianzen können hier besonders mühelos und elegant in den Formalismus eingebaut werden.

Unser eigentliches Ziel ist die Beschäftigung mit *empirischen* Theorien. Bislang ist nichts anderes zur Sprache gekommen als das mathematische Gerüst einer solchen Theorie. Die Erfahrung kann in eine so charakterisierte Theorie nur dadurch Eingang finden, daß man das mathematische Gerüst auf empirische Phänomene anwendet. Im folgenden Abschnitt wenden wir uns daher den intendierten Anwendungen einer Theorie zu.

1.2 Ein neuartiger Zugang zu den intendierten Anwendungen einer Theorie

Überlegen wir uns zunächst, wie in Fortsetzung der bisher entwickelten Gedanken eine Festlegung der intendierten Anwendungen einer Theorie prima facie zu erwarten wäre. *Erstens* scheint es sich dabei um mögliche oder potentielle Modelle handeln zu müssen. Denn um das die Theorie ausdrückende Prädikat auf ‚empirisch gegebene‘, ‚reale‘ Entitäten anwenden zu können, müssen diese Entitäten mittels des Begriffsgerüstes erfaßbar sein, das den ‚eigentlichen‘ Axiomen, welche die fundamentalen Gesetze der Theorie zum Inhalt haben, zugrundeliegt. Und wie die vorangehenden Überlegungen zeigten, ist die Extension desjenigen Teilprädikates (des die Theorie ausdrückenden Prädikates), welches dieses Begriffsgerüst festlegt, genau die Menge der potentiellen Modelle. Für unser Miniaturbeispiel wäre dies die Extension des Prädikates „AS_p", also die Menge $M_p(AS)$.

Diese prima-facie-Erwartung müßte nicht unbedingt mit der Vermutung verbunden werden, daß die Deutung intendierter Anwendungen als potentieller Modelle *ohne weiteres* möglich ist. Vielmehr wäre von vornherein anzunehmen, daß ein erhebliches Maß an Konzeptualisierung, Idealisierung und sonstiger vorbereitender rekonstruktiver Tätigkeit erforderlich ist, um dasjenige, was als Anwendung der Theorie intendiert ist, als potentielles Modell zu deuten. Dies umso mehr, als es die Methode der Axiomatisierung über mengentheoretische Prädikate gestattet, sich mit Theorien von relativ hohem Abstraktionsgrad zu beschäftigen. Diejenigen Bereiche der ‚Realität‘, auf die sich eine derartige Theorie anwenden läßt, müssen dann bereits als durch die ‚zugrunde liegenden‘ Theorien, die vielleicht gar nicht oder nur fragmentarisch in den Aufbau der vorliegenden Theorie eingehen, erfaßt und gedeutet angesehen werden.

Zweitens aber scheint die Aussage, daß die intendierten Anwendungen mögliche Modelle sein müssen, viel zu schwach zu sein. Denn sicherlich kommt *nicht jedes* potentielle Modell auch als intendierte Anwendung in Frage. Nur für mathematische Theorien sind alle überhaupt denkmöglichen Modelle prinzipiell gleichberechtigt. Die Gleichsetzung von M_p, der Klasse der möglichen Modelle, mit der Menge der intendierten Anwendungen liefe auf nichts geringeres hinaus als auf eine Gleichsetzung oder Verwechslung empirischer Theorien mit mathematischen.

Sofern man auch auf die Frage nach den intendierten Anwendungen eine *genaue* Antwort sucht, scheint somit nur *der* Weg offen zu bleiben, erstens die Menge I der intendierten Anwendungen als Teilmenge von M_p zu wählen und zweitens die Wahl dieser Teilmenge dadurch zu präzisieren, daß man notwendige und hinreichende Bedingungen für die Zugehörigkeit zu I formuliert.

Leider erweisen sich *beide* Überlegungen, die zu diesem Resultat führten, als unhaltbar. Bezüglich der ersten Überlegung, wonach die intendierten Anwendungen mögliche Modelle der Theorien sein sollten, sind es die *theoretischen Begriffe* oder die *theoretischen Terme*, die uns einen Strich durch die Rechnung machen. Mit jedem derartigen Deutungsversuch der intendierten Anwendungen würden wir uns, wie der nächste Abschnitt zeigen wird, hoffnungslos in einen epistemologischen Zirkel verstricken. Dem Zirkel entgehen wir nur dadurch, daß wir die theoretischen Größen wegschneiden und uns mit den übrigbleibenden Restfragmenten begnügen, die dann *partielle* potentielle Modelle heißen werden.

Doch im Augenblick wollen wir uns gar keine weiteren Gedanken darüber machen, warum die erste obige Überlegung scheitert. Wir werden noch genügend Gelegenheit haben, darüber zu sprechen. Vielmehr konzentrieren wir uns gegenwärtig darauf, uns klarzumachen, warum auch das auf der zweiten Überlegung beruhende Projekt ein gänzlich hoffnungsloses Unterfangen wäre, sowie uns zu überlegen, was für ein tatsächlich realisierbares Verfahren seine Stelle einnehmen kann.

Wir beginnen gleich mit dem letzten und greifen zurück auf SNEEDS Vorschlag, die folgende Parallele herzustellen zwischen dem späteren WITTGEN-STEIN und NEWTON: Der Begriff des *Spieles* wird nach WITTGENSTEIN am besten in der Weise eingeführt, daß man in einem ersten Schritt paradigmatische Beispiele von Spielen angibt und in einem zweiten Schritt erklärt, daß all das als Spiel zu gelten habe, was mit den als Paradigmen gewählten Spielen ‚hinreichend ähnlich‘ ist, wobei man die unbehebbare Vagheit von „hinreichend ähnlich" bewußt in Kauf nimmt. Im Fall von NEWTON besteht der einzige Unterschied darin, daß WITTGENSTEIN einen von ihm *vorgefundenen* Gebrauch erläutert, während NEWTON die Menge der intendierten Anwendungen seiner Theorie erst *kreiert*. Im übrigen ist das Vorgehen vollkommen analog. In einem ersten Schritt werden die paradigmatischen Beispiele für Anwendungen der klassischen Partikelmechanik angeführt: die Planetenbewegungen (einschließlich der Bewegungen der Kometen) sowie Teilsysteme des Planetensystems, z.B. Sonne – Erde, Erde – Mond und Jupiter – Jupitermonde; der freie Fall von Körpern in der Nähe der

Erdoberfläche; Pendelbewegungen; die Gezeiten. Und den zweiten Schritt hat man sich so zu denken, daß alles, was mit diesen paradigmatischen Beispielen ‚hinreichend ähnlich' ist, ebenfalls als Anwendung dieser Theorie zu zählen hat, wobei auch diesmal die unbehebbare Vagheit dieser Wendung hinzunehmen ist. Nennen wir die Menge der paradigmatischen Beispiele intendierter Anwendungen I_0 und die jeweils gewählte Menge solcher Anwendungen I, so muß also stets gelten: $I_0 \subseteq I$.

Wir haben diese Analogie hier sehr knapp geschildert. Diejenigen Leser, welche sich die Details dieser Analogie genauer vor Augen führen wollen, finden diese in Kap. IX, Abschn. 4 von II/2, insbesondere auf S. 195–202. Es ist dies die einzige Stelle, wo wir dem mit diesem Aspekt noch nicht vertrauten Leser zumuten, im zweiten Teilband nachzublättern. Denn die dortige Beschreibung des Sachverhaltes ist zwar sehr ausführlich gehalten; doch ist sie bei der damaligen Anordnung der Materie an viel zu später Stelle eingeführt worden, so daß sie von vielen Lesern übersehen worden sein dürfte.

Es soll keineswegs behauptet werden, daß die Menge der intendierten Anwendungen *immer* so gegeben sei, wie soeben skizziert. Vor allem bei nicht-physikalischen Theorien dürften noch andere Verfahren zur Festlegung einer geeigneten Ausgangsmenge üblich sein. Entscheidend sind für uns bloß die folgenden Punkte:

(1) Die intendierten Anwendungen einer Theorie werden mit der Spezifikation des theoretischen Apparates nicht mitgeliefert, sondern müssen *davon unabhängig* gegeben werden. Der Wissenschaftsphilosoph muß sich unbedingt mit dem Gedanken vertraut machen, daß erst in den vom Forscher diskutierten Beispielen (und Übungsaufgaben) dasjenige, worauf die Theorie angewendet werden soll, allmählich sichtbar wird.

(2) Die Auffassung, diese Menge durch die Angabe von notwendigen *und hinreichenden* Bedingungen für die Zugehörigkeit zu ihr charakterisieren zu können, muß als illusorisch fallengelassen werden.

(3) Die Menge I der intendierten Anwendungen einer Theorie ist keine fest umrissene platonische Entität, sondern bleibt auch in den späteren Entwicklungsstadien der Theorie stets eine *offene* Menge. Sie kann bei hartnäckigem Versagen der Theorie in gewissen, ursprünglich ins Auge gefaßten Bereichen jederzeit wieder verkleinert werden.

Einige Opponenten werden bereits (1) ablehnen und z. B. darauf hinweisen, daß die klassische Partikelmechanik gemäß der Intention Newtons auf alle Systeme von Massenpunkten anwendbar sein sollte. Doch wenn jemand darin mehr erblickt als einen Beschluß, einen gemeinsamen *Namen* für die Objekte der einzelnen Anwendungen einzuführen, und insbesondere die inhaltlichen Erläuterungen zur Bedeutung von „Massenpunkt" ernst nimmt, so wird er bereits bei der ersten Art von Anwendung dieser Theorie in einen Zustand geistiger Verwirrtheit geraten, nämlich sobald er erfährt, daß hier auch der Mond und die Erde, ja sogar die Sonne mit ihrem riesigen Durchmesser (ca. 750 000 km) als solche Massenpunkte aufgefaßt werden.

Wer dennoch in dieser Richtung weiterzudenken versucht, muß (2) leugnen und die Aufgabe ernstnehmen, notwendige und hinreichende Bedingungen für die Zugehörigkeit zur Anwendungsmenge zu formulieren. Bereits ein Blick auf die oben angegebenen paradigmatischen Anwendungsarten der klassischen Partikelmechanik lehrt, wie außerordentlich schwierig es sein dürfte, Merkmale oder Merkmalskombinationen zu finden, die auf alle diese Arten von Beispielen zutreffen, aber nicht darüber hinaus auch auf vieles andere, was keine intendierte Anwendung ist. Sicherlich liegen in all diesen Fällen sich bewegende Körper vor, denen man zu jeder Zeit einen Ort, eine Geschwindigkeit und eine Beschleunigung zuschreiben kann. Daher sind diese Merkmale auch notwendige Bedingungen. Sind sie außerdem hinreichend? Dann müßte auch ein über die Heide fliegender Vogelschwarm, ein Löwenrudel in einer afrikanischen Wüste oder ein Fischschwarm im Nordatlantik zu den intendierten Anwendungen der Theorie zählen; und Tierverhaltensforscher fänden sich plötzlich in die Lage versetzt, eine der bedeutendsten physikalischen Theorien in der Geschichte der Naturwissenschaft ohne jegliche Mühe zu widerlegen. Um solche Gegenbeispiele auszuschließen, müßten Bewegungen von Lebewesen ausdrücklich ausgenommen werden. Damit aber gerät der an hinreichende Bedingungen Glaubende in die Zwangslage, zunächst den Begriff des Lebens explizieren zu müssen. Es klingt nicht sehr überzeugend, daß man zur Charakterisierung der Anwendungen einer grundlegenden physikalischen Theorie, wie der klassischen Partikelmechanik, vorher eine Aufgabe bewältigt haben muß, zu deren Lösung anscheinend noch nicht einmal die heutigen Molekularbiologen in der Lage sind.

Derlei Gedankenspiele, wie wir sie eben anstellten, haben nur den Zweck, die ironische Komponente im obigen ,,außerordentlich schwierig" bewußt zu machen und das dahinterstehende ,,hoffnungslos" zur Einsicht zu bringen.

Der letzte Punkt (3) schließlich ist eine Folge des vorangehenden sowie der bereits erwähnten unbehebbaren Vagheit von ,,hinreichend ähnlich". Diese Vagheit kann jedoch erheblich verringert werden aufgrund der Wirksamkeit eines Prinzips, welches in II/2, S. 225, als *Regel der Autodetermination* bezeichnet worden ist. Danach läßt man, wenn eine mögliche Erweiterung der Menge I zur Diskussion steht, den mathematischen Teil der Theorie selbst – kurz also: die Theorie selbst – darüber entscheiden, ob die Erweiterung erfolgen soll oder nicht. Um das genaue Funktionieren dieser Regel zu verstehen, muß man den mathematischen Teil einer Theorie, von dem wir bislang nur die beiden Bruchstücke M und M_p kennengelernt haben, in allen Einzelheiten überblicken, und außerdem den Begriff der erfolgreichen Anwendung dieser mathematischen Komponente verstanden haben. Wir kommen an geeigneter Stelle darauf zurück.

Eine unmittelbare Konsequenz der hier vorgetragenen Auffassung über die intendierten Anwendungen ist das *zweigleisige* Arbeiten jedes Forschers, der eine globale Theorie entwirft oder weiterentwickelt. Er muß sich auf der einen Seite genaue Gedanken über das *mathematische Grundgerüst* machen; und er muß sich unabhängig davon überlegen, was er als *typische Anwendungsbeispiele* für dieses

Gerüst betrachten will. Die Unabhängigkeit des Arbeitens auf der ‚theoretischen Ebene' und auf der ‚empirischen Ebene', wie man es schlagwortartig kennzeichnen könnte, ist natürlich nur eine logische, keine psychologische. Diese Unterscheidung verbessert nicht nur, wie sich herausstellen wird, unseren Einblick in physikalische Theorien. Wie FULDA und DIEDERICH zeigen konnten, trägt es auch wesentlich zu einem besseren Verständnis sozialwissenschaftlicher Theorien bei, selbst so umstrittener und vieldiskutierter Theorien wie der Wert- und Kapital-Theorie von K. MARX (vgl. dazu Kap. 14, Abschn. 4).

Gewöhnlich hat eine Theorie *mehrere*, häufig sogar *zahlreiche* Anwendungen. Hierbei wird sich als besonders wichtig die Tatsache erweisen, daß verschiedene intendierte Anwendungen nicht disjunkt zu sein brauchen, sondern sich *teilweise überschneiden* können. Dies läßt sich bereits im Rahmen der ersten Art von intendierten Anwendungen der klassischen Partikelmechanik erläutern: Die Erde kommt sowohl innerhalb des durch diese Theorie erfaßten Systems *Erde – Mond* als auch innerhalb des Systems *Sonne – Erde* vor; und analog kommt der Planet Jupiter sowohl im System *Sonne – Jupiter* als auch im System *Jupiter – Jupitermonde* vor. Die spätere Unterscheidung zwischen Gesetzen einerseits und Querverbindungen (Constraints) andererseits beruht ganz wesentlich darauf, daß eine Theorie gewöhnlich mehrere einander überschneidende Anwendungen besitzt.

Der Ausdruck „intendierte Anwendungen" ist in der folgenden Hinsicht äquivok: Man kann darunter entweder *individuelle* Anwendungen oder Anwendungs*arten* verstehen. Im ersten Sinn werden durch die Bezeichnung „Pendelbewegung" zahllose Anwendungen der klassischen Partikelmechanik getroffen, im zweiten Sinn hingegen designiert dieser Ausdruck nur eine Anwendung. Wir werden uns nicht ein für allemal für eine Verwendungsweise entscheiden, da je nach Kontext der eine oder der andere Sprachgebrauch zweckmäßiger ist. Als grobe Faustregel wird uns die folgende dienen: Für das Studium konkreter Theorien ist es häufig ratsamer, unter den Anwendungen tatsächlich die individuellen Anwendungen zu verstehen, während es sich im Rahmen allgemeiner Analysen von Theorien bisweilen als einfacher erweist, wenn man die individuellen Anwendungen artmäßig zusammenfaßt.

Wie steht es hinsichtlich der Frage intendierter Anwendungen mit dem speziellen Fall unserer Miniaturtheorie, der archimedischen Statik? Wir brauchen uns hier keine weiteren Gedanken über das zu wählende I_0 und I zu machen. Denn für alle unsere Zwecke wird es genügen, zwei solche Anwendungsbeispiele zu betrachten, nämlich erstens im Gleichgewicht befindliche Wippschaukeln für Kinder und zweitens im Gleichgewicht befindliche Balkenwaagen. Selbstverständlich setzen wir nicht voraus, daß *nur* Kinder miteinander schaukeln und daß *nur* andere Gegenstände auf Balkenwaagen gewogen werden. Insbesondere kann sich auf einer Balkenwaage ein Kind im Gleichgewichtszustand mit einem als Gewichtsmaß dienenden Eisenobjekt befinden.

1.3 Ein neues Theoretizitätskonzept

1.3.1 Die ‚Feuertaufe': Sneeds Kriterium für T-Theoretizität. Bisher wurden zwei neue Aspekte des strukturalistischen Vorgehens skizziert. Beide Aspekte sind voneinander *vollkommen unabhängig*. Zum ersten Aspekt, der axiomatischen Beschreibung der Grundstruktur einer Theorie mit Hilfe eines informellen mengentheoretischen Prädikates, gibt es im Prinzip zwei Alternativen: die Orientierung an den fachwissenschaftlichen Originalarbeiten, verbunden mit jeglichem Verzicht auf Formalisierung, und die radikale Formalisierung oder das formalsprachliche Vorgehen. Vom Standpunkt einer nicht-historischen, systematischen Wissenschaftstheorie erwies sich die erste dieser beiden Alternativen als unzulänglich und die zweite als – vorläufig wenigstens – menschlich unvollziehbar. Das Argument zugunsten des von Suppes gezeigten Ausweges ist ein Argument, das sich nicht auf theoretische Vorzüge stützt, sondern auf Praktikabilität oder praktische Effizienz.

Zum zweiten Aspekt dagegen, der Methode der paradigmatischen Beispiele, gibt es eigentlich überhaupt keine ernsthafte Alternative; die scheinbaren Alternativen bestehen in Dunkelheit und Ausweichen. Denn der Glaube an die Methode der notwendigen und hinreichenden Bedingungen ist und bleibt ein Wunschtraum. Und die Berücksichtigung *aller* möglichen Modelle einer Theorie als prinzipiell gleichberechtigt läuft auf nicht geringeres hinaus als auf eine Kapitulation vor der Aufgabe, empirische Theorien gegenüber rein mathematischen Theorien auszuzeichnen.

Wir kommen jetzt auf einen *dritten Punkt* zu sprechen, der seinerseits wieder vollkommen unabhängig ist von den beiden bisher behandelten Aspekten. Er betrifft die Natur der *theoretischen Begriffe* oder der *theoretischen Terme*. Zu der im folgenden vorgetragenen Auffassung gibt es zahlreiche Alternativen, vor allem im Rahmen der empiristischen Tradition, die man aber alle dadurch summarisch zusammenfassen kann, daß man sagt: sie sind erstens *linguistisch* und zweitens *epistemologisch* orientiert. Das erste manifestiert sich in der Konzentration auf die Wissenschaftssprache. Wenn diese Sprache als formale Sprache aufgebaut wird, so besteht die erste Aufgabe nach Einführung der Zeichentabelle darin, die Zeichenmenge erschöpfend in die beiden disjunkten Mengen der logischen und der deskriptiven Zeichen zu zerlegen. Und die zweite Aufgabe besteht in der Konstruktion einer Dichotomie in der Menge der deskriptiven Zeichen, welche zur Unterscheidung zwischen den Beobachtungstermen und denjenigen Termen führt, die keine Beobachtungsterme, sondern theoretische Terme sind. Dafür, wo der ‚Schnitt in das Kontinuum', das vom Beobachtbaren zum Theoretischen reicht, zu machen ist, sind zum Teil epistemologische, zum Teil semantische, teils auch rein pragmatische Gesichtspunkte maßgebend, wie die Art der Bestätigung von Aussagen, welche derartige Terme enthalten, die Übersetzbarkeit oder Nichtübersetzbarkeit dieser Aussagen in solche, die sich unzweifelhaft auf Beobachtbares zu beziehen scheinen, ihre Handhabung durch den Wissenschaftler usw. Was dabei am Ende herauskommt, ist eine Unterteilung der Wissenschaftssprache in die Beobachtungssprache und eine sich darüber aufbauende, nur partiell deutbare theoretische Sprache.

Gegen diese hier nur ganz grob skizzierte Charakterisierung des Theoretischen, die in II/1 viel ausführlicher geschildert wurde, sind viele, zum Teil berechtigte Einwendungen erhoben worden. Der schärfste Einwand stammt von PUTNAM. Er besagt, daß es in allen Diskussionen völlig unklar geblieben sei, was für eine *Rolle* die theoretischen Terme in der Theorie spielen, in welcher sie vorkommen.

Das Sneedsche Konzept von Theoretizität ist so verschieden von der herkömmlichen empiristischen Auffassung, daß man überhaupt nicht von einer anderen *Alternative* zur Einführung des Begriffs der theoretischen Terme reden sollte, sondern eigentlich von einer *Inkommensurabilität* der beiden Deutungen von Theoretizität sprechen müßte. Dies wird sich vor allem darin zeigen, daß SNEEDs Vorgehen eine unmittelbare und wie es scheint: adäquate Antwort auf die Putnamsche Herausforderung darstellt, während im Rahmen der herkömmlichen Denkweise jeder Versuch, auf diese Herausforderung angemessen zu reagieren, von vornherein zum Scheitern verurteilt ist.

Machen wir uns das letztere kurz klar. Dazu gehen wir von der idealisierenden Annahme aus, es sei wirklich geglückt, eine formale Wissenschaftssprache L aufzubauen, in der eine naturwissenschaftliche Theorie T formulierbar ist. Die Entscheidung darüber, welche Terme von L als theoretisch auszuzeichnen sind, wurde beim Aufbau der Wissenschaftssprache gefällt, also vor der Formulierung der Theorie T in L. Dann aber kann selbstverständlich die Frage, welche Rolle diese Terme in T spielen oder, um mit PUTNAM zu sprechen, ‚in welcher Weise diese Terme von der Theorie her kommen‘, nicht beantwortet werden. Diese Theorie ist ja bei ihrer Auszeichnung überhaupt nicht berücksichtigt worden!

Die logische Situation wird noch anschaulicher, wenn man davon ausgeht, daß in L nicht *eine* Theorie, sondern *mindestens zwei* Theorien T_1 und T_2 formuliert worden sind, in denen teilweise dieselben Terme, darunter auch der Term t, vorkommen. Dieser Term t könnte in T_1 eine ganz andere Rolle spielen als in Term T_2. Wenn wir diese unterschiedliche Rolle als (teilweise oder ganz) ausschlaggebend dafür halten, um t als theoretischen oder als nicht-theoretischen Term zu bezeichnen, könnten wir dann nicht aufgrund einer Analyse dieser Rollen zu dem Resultat gelangen, daß t *theoretisch in bezug auf T_1*, jedoch *nichttheoretisch in bezug auf T_2* ist? Es genügt, dies als eine *prinzipielle Möglichkeit* ins Auge zu fassen, um die Unzulänglichkeit der herkömmlichen Methode zur Charakterisierung theoretischer Terme zu erkennen. Danach wird über die Theoretizität ja bereits auf sprachlicher Ebene entschieden, so daß man sich einen logischen Widerspruch aufhalsen würde, wenn man ein und denselben Term einmal als *theoretischen* und einmal als einen *nicht-theoretischen* Term auffassen wollte.

SNEEDs Vorgehen ist nun dadurch charakterisiert, daß er genau auf die PUTNAMsche Herausforderung eine Antwort zu geben versucht. Gegeben eine Theorie T, in der Terme für metrische Begriffe, also Größenbezeichnungen vorkommen. Die Terme sollen also Funktionen ausdrücken. (Die Verallgemeinerung auf andere Terme wird keine Schwierigkeiten bereiten. Wir werden sie später mühelos vornehmen). Einige dieser Funktionen werden sich in dem Sinn als harmlos erweisen, daß man in konkreten Anwendungen ihre Werte ermitteln kann, ohne dabei auf die Theorie T selbst zurückgreifen zu müssen. Bei gewissen Funktionen werden wir jedoch mit dem merkwürdigen Sachverhalt konfrontiert, daß eine Bestimmung der Meßwerte nicht möglich ist, *ohne die Gültigkeit der Theorie bereits vorauszusetzen.*

Damit sind wir bereits beim Kern des SNEEDschen Theoretizitätskriteriums angelangt. In diesem, jeweils auf eine Theorie T zu relativierenden Kriterium, werden die theoretischen Größen nicht negativ ausgezeichnet, z.B. als die nichtbeobachtbaren etc., sondern positiv: Eine Größe ist *T-theoretisch*, wenn ihre Messung stets die Gültigkeit eben dieser Theorie T voraussetzt.

Zur Vorbeugung gegen mögliche Mißverständnisse fügen wir gleich eine Erläuterung an. Das Wort „Theorie" wird hier im präsystematischen Sinn verwendet. Gleichzeitig setzen wir jedoch voraus, daß die Theorie in hinlänglich präziser Gestalt vorliegt, um in eine axiomatische Gußform gebracht werden zu können. Nun haben wir uns bereits in 1.1 dazu entschlossen, eine Theorie in axiomatischer Gestalt so ‚umzuschreiben', daß die Axiomatisierung die Form der Definition eines mengentheoretischen Prädikates annimmt. Von diesem Prädikat sagten wir, daß es die Theorie ausdrückt. Im vorliegenden Fall sei S das die Theorie T ausdrückende Prädikat. Die eben gebrauchte Wendung „die Gültigkeit von T voraussetzen" besagt dann dasselbe wie: „voraussetzen, daß es Wahrheitsfälle des (T ausdrückenden) Prädikates S gibt". Was die dabei benützte Wendung „voraussetzen" betrifft, so ist sie im streng logischen Sinn zu verstehen, d.h. im Sinn der logischen Folgebeziehung. (Für eine Detaildiskussion dieses Punktes vgl. II/2, S. 45 ff.) Wenn t ein T-theoretischer Term ist, so beinhaltet dies: Aus der Annahme, wir hätten einen Meßwert für t erhalten, folgt logisch, daß es wahre Anwendungsfälle des Prädikates S gibt.

Nach dieser – natürlich nur provisorischen – Begriffsbestimmung sind wir sofort mit den beiden Fragen konfrontiert: Gibt es überhaupt T-theoretische Terme für bestimmte Theorien T? Und wenn es sie gibt, führen sie uns nicht in Schwierigkeiten? Die zunächst rein dogmatische Antwort auf die erste Frage lautet: Ja; in allen, oder fast allen, modernen globalen Theorien kommen theoretische Terme vor. Und dies ist die Antwort auf die zweite Frage: In der Tat gelangen wir aufgrund dieser Terme in die größten Schwierigkeiten, nämlich in nichts geringeres als in einen epistemologischen Zirkel.

1.3.2 Das Problem der theoretischen Terme, erläutert am Beispiel der Miniaturtheorie. Imaginärer Dialog mit einem empiristischen Opponenten. Für ein genaues Verständnis des weiteren strukturalistischen Vorgehens ist es unerläßlich, den eben skizzierten Begriff der T-Theoretizität nicht nur korrekt erfaßt, sondern sich außerdem davon überzeugt zu haben, daß T-theoretische Größen bzw., wenn wir von den Größen zu den sie designierenden Termen zurückgehen, T-theoretische Terme in Theorien tatsächlich auftreten können.

Da die Erfahrung gelehrt hat, daß hier besonders große Verständnisschwierigkeiten auftreten, verweilen wir etwas länger bei diesem Punkt und versuchen
überdies, den entscheidenden Aspekt mittels unserer Miniaturtheorie zu verdeutlichen. Und zwar gehen wir gleich dazu über, *das Problem der theoretischen
Terme* im Sinn von SNEED aufzuzeigen.

Streng genommen tritt dieses Problem allerdings nur in globalen Theorien
auf. Wir können es aber auch für unsere Miniaturtheorie *AS* gewissermaßen
dadurch ‚künstlich ins Leben rufen‘, daß wir die nur für unsere Erläuterungszwecke dienende ad-hoc-Annahme machen:

(α) Die einzigen bekannten Methoden zum Wiegen von Dingen benützen
Balkenwaagen (bzw. Laufgewichtswaagen).

Um das Problem in möglichst bündiger und einfacher Gestalt formulieren zu
können, soll überdies die folgende Annahme gelten:

(β) Es gibt nur endlich viele derartige Waagen.

Von dieser zweiten Annahme werden wir uns später wieder befreien und uns
klarmachen, daß dadurch das Problem als solches bestehen bleibt und nur eine
etwas kompliziertere Gestalt annimmt.

Wir gehen von der grundlegenden Frage aus, die sich der Leser vermutlich
bereits am Ende von 1.1.2 gestellt hat:

Wie kann ein mengentheoretisches Prädikat, welches eine Theorie ausdrückt, dazu benützt werden, um empirische Behauptungen aufzustellen?

Da das mengentheoretische Prädikat zwar nur die *mathematische* Struktur
der Theorie beschreibt, wir aber an *empirischen* Theorien interessiert sind, muß
diese Frage offensichtlich beantwortbar sein. In der Tat hatten die in Abschn. 2
angestellten Betrachtungen keinen anderen Zweck als den, diese Antwort
vorzubereiten. Die intendierten Anwendungen, um welche es dort ging, sind
gerade solche Entitäten, zu denen wir erstens einen empirischen Zugang haben
und von denen es zweitens sinnvoll zu sein scheint, das die Theorie ausdrückende
Prädikat auf sie anzuwenden.

Wir wollen also annehmen, daß wir es mit einer Kinderwippschaukel und
einer Balkenwaage zu tun haben und daß n Objekte teils Kinder sind und teils
Gewichte aus Metall, die man zum Wiegen benützen kann. Darauf, wie die
intendierten Anwendungen *genau* zu beschreiben sind, brauchen wir uns für
unsere Zwecke nicht einzulassen. (Der Leser, der daran interessiert ist, kann
diese Aufgabe am Ende, nämlich nach Einführung des Begriffs M_{pp}, leicht
bewältigen. Er sollte sie auch als Übungsaufgabe selbständig lösen, da dies ein
gewisses Indiz für zutreffendes Verständnis bildet.) Vielmehr gehen wir unmittelbar dazu über, die obige Frage zu beantworten. Das mengentheoretische
Prädikat *AS* steht bereits zu unserer Verfügung; es wurde in 1.1.2 explizit
definiert.

Wir sehen eine Kinderwippschaukel, auf der beiderseitig in gewissem
Abstand vom Drehpunkt Kinder sitzen. Und tatsächlich befinde sich diese
Wippschaukel im Gleichgewicht. „a“ sei die Objektbezeichnung, welche diese im
Gleichgewicht befindliche Schaukel, zusammen mit den darauf sitzenden
Kindern, bezeichnet. Die Vermutung liegt nahe, daß wir es hier mit einer

archimedischen Statik zu tun haben. Nach Übersetzung in die informelle mengentheoretische Sprechweise gelangen wir somit zu der Behauptung:

(*I*) *a* ist ein *AS*.

Dies ist nicht nur offensichtlich eine empirische Behauptung, sondern überdies eine empirische Behauptung der *elementarsten* Art, die man mit dem mengentheoretischen Prädikat bilden kann. Denn (I) enthält keine logischen Konstanten und ist somit ein Atomsatz.

Eben sagten wir, daß (I) ‚offensichtlich' eine empirische Aussage sei. Leider war diese Annahme falsch: (I) ist *keine* empirische Aussage.

Diese soeben über (I) ausgesprochene Behauptung ist nun nicht etwa eine Art von ‚Gegenhypothese' zur obigen Annahme, sondern eine *beweisbare* Behauptung. Den Beweis werden wir erbringen.

Zuvor aber ist vielleicht eine Bemerkung angebracht, damit im Leser nicht der Eindruck entsteht, in ein immer undurchsichtiger werdendes Verwirrspiel hineinzugeraten. Haben wir uns nicht bereits widersprochen? Zunächst wurde behauptet, daß (I) empirisch sei, und jetzt wird plötzlich angekündigt, das Gegenteil davon lasse sich beweisen. Tatsächlich war folgendes gemeint: Die Aussage (I) *scheint* eine empirische Aussage von elementarster Art zu sein, die man mit Hilfe des Prädikats *AS* machen kann. Sie ist, so könnte man sagen, als elementare empirische Aussage *intendiert*. Der angekündigte Beweis wird zeigen, daß dieser Schein trügt, daß also dasjenige, was als empirische Aussage intendiert war, keine empirische Aussage sein kann. Dieses Beispiel ist paradigmatisch für analoge Situationen bei globalen physikalischen Theorien. Wenn wir z. B. annehmen, daß die klassische Partikelmechanik in die Gußform eines mengentheoretischen Prädikates gebracht worden ist (etwa in die des Prädikates *KPM*, wie dieses in II/2, S. 112 definiert worden ist), so würde die zu unserer jetzigen Behauptung analoge Behauptung lauten, daß der Satz: „Unser Planetensystem ist eine klassische Partikelmechanik", obwohl als elementare empirische Aussage dieser Theorie *intendiert*, dennoch *keine* empirische Aussage ist.

Wäre nämlich (I) eine empirische Aussage, so müßte (I) *empirisch nachprüfbar* sein. Ohne die Möglichkeit, diese Aussage prinzipiell empirisch nachprüfen zu können, hätten wir kein Recht mehr, (I) empirisch zu nennen. Überlegen wir uns, wie eine solche empirische Nachprüfung auszusehen hätte. Da in der Definition von *AS* die beiden Größenterme *d* (Abstand) und *g* (Gewicht) vorkommen und die letzte Bestimmung (5) von *AS* (‚goldene Regel der Statik') überdies eine Behauptung bezüglich der im Gleichgewicht befindlichen Objekte enthält, welche diese beiden Größen benützt, müßten wir die *d*- und *g*-Werte der auf der Schaukel sitzenden Kinder ermitteln. In bezug auf *d* bildet dies kein Problem. Wir können für unseren augenblicklichen Zweck selbstverständlich voraussetzen, daß der Prüfer über ein Längenmaß verfügt. Unter Benützung dieses Längenmaßes kann er den Abstand der Kinder von der in der Mitte befindlichen Stütze der Wippschaukel, also vom Drehpunkt, bestimmen.

Anders verhält es sich mit dem Gewicht *g*. Gemäß unserer Annahme (α) muß dazu eine Balkenwaage benützt werden. Wir beginnen mit einem der Kinder und verwenden zum Wiegen einige Metallgewichte. Diese Metallgegenstände seien so gewählt worden, daß tatsächlich eine Gewichtsgleichheit herauskommt. Wenn wir diese ganze, im Gleichgewicht befindliche Entität, nämlich die Balkenwaage zusammen mit dem Kind auf der einen Seite und den dieses Kind aufwiegenden Gewichten auf der anderen Seite, b nennen, so stützt sich unser Meßergebnis auf die folgende, als richtig unterstellte Behauptung:

(*II*) b ist ein *AS*.

Damit sind wir mit unserer Überlegung bereits am Ende. Wir sind in einen *epistemologischen Zirkel* hineingeraten. Unser Ziel war, auf empirischem Wege herauszubekommen, ob (I) eine wahre Aussage ist. Wie sich gezeigt hat, können wir dieses Ziel nicht erreichen, *ohne eine andere Aussage bereits als wahr vorauszusetzen*, die *genau dieselbe Gestalt hat wie* (*I*), nämlich die Aussage (II). Der Atomsatz (II) unterscheidet sich vom Atomsatz (I) nur durch die Objektbezeichnung; das Prädikat ist dasselbe.

Wenn wir (II) in Frage stellen, so wiederholt sich das Spiel von neuem: Um die Wahrheit von (II) auf empirischem Wege festzustellen, müssen wir die Wahrheit einer Aussage (III) *von genau derselben Gestalt* wie (II) bereits voraussetzen usw. und gemäß unserer Annahme (β) werden wir bei Fortsetzung dieses Verfahrens nach endlich vielen Überprüfungsschritten wieder bei einer früheren Aussage angelangt sein. Es sei dies etwa die Aussage (z). Der epistemologische Zirkel läßt sich dann so ausdrücken: Um die Wahrheit von (z) empirisch zu überprüfen, muß man die Wahrheit von (z) bereits voraussetzen.

Wir entgehen dem Zirkel nur dadurch, daß wir die Annahme preisgeben, von der wir ausgingen, nämlich daß (I) eine empirische Aussage ist. (I) ist also *keine empirische Aussage*. Damit ist der Beweis beendet.

Anmerkung. Um dem vorgetragenen Argument den Charakter einer zwingenden Begründung zu verleihen, müssen wir streng genommen noch eine Qualifikation hinzufügen. Man könnte nämlich gegen die bisherige Fassung einwenden, daß darin nicht die vollständige Liste der zugelassenen Meßverfahren berücksichtigt worden sei, da man stets auch das triviale Verfahren der ‚Zuschreibung einer Einheit' der fraglichen Quantität einbeziehen müsse. Im vorliegenden Fall könnte diese Zuschreibung etwa lauten:

„Das Objekt a_1 hat den g-Wert 1."

Diesem Einwand entgeht man, *wenn man im* SNEED*schen Theoretizitätskriterium von vornherein die Wahl einer Einheit bzw. allgemeiner: jegliche Art von sogenannter ‚definitorischer Festsetzung', als Meßmethode für Größenwerte ausschließt.* Wir haben diesen Ausschluß oben stillschweigend vorausgesetzt und den hier beschriebenen Einwand nur vorgetragen, um dadurch diese Voraussetzung explizit zu machen.

Der Leser möge genau beachten, daß sich dieser potentielle Einwand *nur* auf den g-Wert des Objektes a_1 bezieht, das für die Wahl der Einheit ausgezeichnet worden ist. Zwar können von da aus in jeweils endlich vielen Schritten die g-Werte der übrigen Objekte $a_2, \ldots, a_n$ mittels der goldenen Regel bestimmt werden. Doch die Berufung auf die goldene Regel der Statik bedeutet nichts anderes, als daß man für diese weiteren Größenmessungen eine *korrekt funktionierende* Waage benötigt. Und bei dem Versuch, dieses korrekte Funktionieren empirisch zu überprüfen, verstrickt man sich genau in den oben beschriebenen epistemologischen Zirkel.

Die beschriebene Zirkularität beinhaltet eine bestimmte Art und Weise, das Problem der theoretischen Terme im Sinn von SNEED aufzuzeigen. Wir haben dieses Problem für unsere Miniaturtheorie so formuliert, daß es zugleich einen intuitiven Nachweis dafür liefert, daß die Größe g eine AS-theoretische Größe darstellt. Denn genau dann liegt ja eine *in bezug auf eine Theorie T* theoretische Größe vor, wenn wir, um diese Größe zu messen, die Gültigkeit der Theorie (im oben präzisierten Sinn) voraussetzen müssen.

Bei der Formulierung des epistemologischen Zirkels, in den wir hineingeraten, können wir statt dessen auch unmittelbar auf den Begriff des Gewichtes Bezug nehmen und unser Beispiel als Begründung für die folgende Aussage verwenden: *Einerseits können wir das Gewicht eines Objektes nicht bestimmen, solange wir nicht mindestens eine erfolgreiche Anwendung der Theorie AS gefunden haben. Andererseits können wir nicht entscheiden, ob wir auf eine erfolgreiche Anwendung der Theorie AS gestoßen sind, solange wir nicht die Gewichte der in dieser Anwendung vorkommenden, miteinander aufgewogenen Objekte bestimmt haben.*

Der Begriff der Theoretizität von SNEED, der stets auf eine bestimmte Theorie T zu relativieren ist, dürfte damit – wenn auch nur vorläufig – für unsere einleitenden Erläuterungszwecke hinreichend klargestellt worden sein. Die T-theoretischen Terme werden durch ihre spezielle *Rolle* innerhalb der Theorie T ausgezeichnet: sie können nur gemessen werden, sofern man bereits gültige Anwendungen von T kennt.

Der Nachweis der AS-Theoretizität von g (relativ auf unsere Annahme (α)) hat allerdings zugleich eine fatale Konsequenz des SNEEDschen Theoretizitätsmerkmals aufgezeigt: Diejenigen Aussagen, welche als die elementarsten Aussagen intendiert sind, die man mit Hilfe des mathematischen Gerüstes einer Theorie machen kann, sind nachweislich nicht empirisch. Dies zeigt, daß man für das Problem der theoretischen Terme eine Lösung suchen muß.

Hier sei eine kurze Bemerkung über die obige Annahme (β) eingeschoben. Wir haben diese Annahme nur deshalb gemacht, um das Problem der theoretischen Terme so einfach wie möglich formulieren zu können. Nur unter dieser Annahme konnten wir oben behaupten, daß wir in einen Zirkel geraten. SNEED machte bei seiner Formulierung des Problems keine derartige Zusatzannahme, d.h. er ließ es offen, ob es für das eine Theorie ausdrückende Prädikat endlich viele *oder unendlich viele* Anwendungsfälle gibt. Würden auch wir zulassen, daß es unendlich viele Balkenwaagen gibt, würden wir also nicht (β) als gültig voraussetzen, so bestünde das Problem der theoretischen Terme noch immer, aber es müßte in einer etwas komplizierteren Weise formuliert werden. Bei dem oben beschriebenen Überprüfungsprozeß könnten wir jetzt auf immer neue derartige Waagen zurückgreifen. Da wir aber bei keiner davon endgültig haltmachen dürften, sondern uns immer wieder fragen müßten: „ist nun *dies* eine archimedische Statik?", würden wir in einen *epistemologischen unendlichen Regreß* hineingeraten. Statt wie oben zu sagen, daß wir uns in einen Zirkel verstricken, müßten wir das Dilemma als Alternative formulieren und sagen: Wenn wir Aussagen, in denen T-theoretische Begriffe vorkommen und die als empirische Aussagen von elementarster Gestalt intendiert sind, empirisch nachzuprüfen versuchen, *so gelangen wir entweder in einen vitiösen Zirkel oder in einen unendlichen Regreß.*

Die einfachste Lösung dieses Problems bestünde in dem Nachweis, daß bei der Konstruktion des Problems der theoretischen Terme an irgendeiner Stelle ein Fehler begangen wurde oder daß sie auf anfechtbaren Annahmen beruhe. Tatsächlich ist bisweilen der Verdacht geäußert worden, SNEED stelle an den Begriff der empirischen Nachprüfung zu hohe Anforderungen. Doch derartige Überlegungen gehen in die Irre. SNEED macht implizit nur zwei Annahmen, die man nicht verwerfen kann, ohne den Begriff der empirischen Nachprüfung überhaupt preiszugeben; nämlich erstens, daß eine empirische Aussage, die wesentlich Größenterme enthält, nur dadurch nachgeprüft werden kann, daß man diese Größen mißt, und zweitens, daß man bei dieser Messung nicht in einen Zirkel oder in einen unendlichen Regreß hineingeraten darf. Keine darüber hinausgehenden Voraussetzungen über empirische Nachprüfung gehen ein. Insbesondere ist die oben skizzierte Überlegung *epistemologisch völlig neutral*, also vollkommen neutral gegenüber gegensätzlichen Vorstellungen über Nachprüfung bei ‚Induktivisten‘, ‚Deduktivisten‘, ‚Kohärentisten‘ etc.

Bevor wir uns der wirklichen Lösung zuwenden, kommen wir auf zwei empiristische Einwendungen zu sprechen, die ebenfalls der Verdeutlichung dienen sollen. Bisweilen ist eingewendet worden, daß Überlegungen der oben skizzierten Art darauf hinauslaufen, die Nichtmeßbarkeit T-theoretischer Größen zu behaupten. Doch diese Unterstellung beruht auf einem Irrtum. Innerhalb des obigen Beweisganges haben wir an keiner einzigen Stelle behauptet, daß das Gewicht keine meßbare Größe ist, sondern nur, daß es *nicht unabhängig von der Theorie AS gemessen* werden kann. Und dies ist natürlich eine viel schwächere Behauptung als die der Nichtmeßbarkeit. Wir *haben* ja angegeben, wie die Messung vorzunehmen ist: Mit Hilfe von b wird das Gewicht bestimmt und die auf diese Weise ermittelten Gewichte werden für die Überprüfung von (I) eingesetzt. Wir haben lediglich die Gültigkeit der Theorie für b vorausgesetzt.

Nun, so wird der Empirist sagen, erweist sich die Angelegenheit doch als recht harmlos. Es sei etwa g_1 das Gewicht des zu wiegenden Kindes und g_2 das Gewicht des dieses Kind aufwiegenden Eisengegenstandes. Die Abstände dieser beiden Objekte vom Drehpunkt im Gleichgewichtszustand seien d_1 und d_2. Wir erhalten: $d_2/d_1 = g_1/g_2$. Das Abstandsverhältnis d_2/d_1 ist also konstant; und dies ist empirisch nachprüfbar. Um dem Kind ein Gewicht zuzuschreiben, brauchen wir nur noch, falls dies noch nicht geschehen sein sollte, eine Konvention, also eine zu treffende Festsetzung darüber, welche die Gewichtseinheit festlegt. Wir scheinen somit nicht mehr zu benötigen als Erfahrungen und Konventionen.

Der Einwand gegen diese Überlegung lautet: Woher wissen wir denn, daß dasjenige, was da auf angeblich ‚rein empirischem Wege‘ gemessen wurde, das Gewicht im Sinn der archimedischen Statik ist, oder kürzer: Woher wissen wir denn, daß wir ein *korrektes* Meßergebnis erhalten haben? Die bloße Operation, die im vorigen Absatz beschrieben worden ist, stellt dies nicht sicher. Es könnten bei der Messung ja allerlei *Fehler* aufgetreten sein. Ein Symptom für einen derartigen Fehler bestünde in der Beobachtung verdächtiger Rostflecken am Drehpunkt. Vielleicht ist die Waage dadurch vor Erreichung des wirklichen

Gleichgewichtes zum Stehen gekommen. Oder, um ein noch drastischeres Beispiel zu erwähnen: Wir stellen fest, daß sich oberhalb des zur Gewichtsbestimmung dienenden Metallgegenstandes ein Magnet befindet. Vermutlich würde bei seiner Entfernung die Balkenwaage aufhören, sich in der Gleichgewichtslage zu befinden.

Der Empirist wird es vielleicht als ärgerlich empfinden, daß wir im Verlauf der Behandlung des Themas „theoretische Begriffe" plötzlich *in eine Detaildiskussion über das korrekte Funktionieren von Meßgeräten* hineingeraten sind und wird versuchen, diese Frage von unserem eigentlichen Thema abzuspalten. Wir wollen ihm bei diesem Versuch keinerlei Hindernisse in den Weg stellen, sondern ihn vielmehr so weit wie möglich darin unterstützen. Angenommen also, selbst bei genauester Untersuchung treten keinerlei Verdachtgründe dafür auf, daß die Meßresultate durch inkorrekte Messung gewonnen wurden und daher unbrauchbar sind. Ist man dann berechtigt, ‚die Meßresultate einfach so hinzunehmen, wie sie ausfallen?'

Statt diesen Schluß zu bestreiten, wollen wir das Prinzip, welches er dabei implizit heranzieht, explizit anführen. Man könnte es bezeichnen als „das Prinzip vom fehlenden zureichenden Grunde, die Korrektheit des Funktionierens des Meßgerätes anzuzweifeln". Es ist nicht anzunehmen, daß allzuviele Wissenschaftsphilosophen dieses Prinzip für annehmbar oder gar für begründbar halten. Doch wir wollen nicht kleinlich sein, sondern abermals dem Opponenten so weit wie möglich entgegenkommen *und die Gültigkeit dieses Prinzips unterstellen.* Wir stellen lediglich eine einzige Frage: *Was* ist es denn, das unter Heranziehung dieses Prinzips bei Vorliegen der angenommenen Umstände (‚Fehlen jeglicher Verdachtsgründe') für nicht bezweifelbar gehalten werden soll?

Dies ist die Antwort: *Daß* die oben beschriebene, im Gleichgewicht befindliche Waage mit den darauf liegenden Gegenständen, also *b*, *eine archimedische Statik ist.*

Man kann es auch so ausdrücken: *Nur wenn b* eine archimedische Statik ist, kann der gewonnene Meßwert *als korrekter* Wert des Gewichtes in (I) eingesetzt und dafür verwendet werden, den Wahrheitswert der Aussage (I) zu ermitteln.

Bei dem empiristischen Versuch, der prima facie katastrophalen Konsequenz des ‚Problems der *T*-theoretischen Terme' zu entrinnen, haben wir uns also nur im Kreis gedreht und sind wieder bei der Feststellung angelangt, daß man zum Zwecke der empirischen Überprüfung der Aussage (I) *mindestens eine Aussage von ebenderselben Gestalt*, also etwa die Aussage (II), als richtig unterstellen muß.

Unsere Miniaturtheorie *AS* hat es uns ermöglicht, an einem anschaulichen Beispiel die Eigenart der Messung von Größen zu demonstrieren, die relativ auf eine Theorie *T* theoretisch sind. Diese Messungen sind in dem Sinn *theoriegeleitete* Messungen, als für jede korrekte Messung die Gültigkeit der Theorie, aus der die Größe stammt, vorausgesetzt wird. W. BALZER hat das Phänomen der theoriegeleiteten Messung auf eine einfache Formel gebracht. Da sie für das Verständnis des Sneedschen Begriffs der *T*-Theoretizität hilfreich sein dürfte, sei sie kurz erwähnt. (In Kap. 6 werden wir die dafür einschlägigen begrifflichen Bestimmungen sehr genau formulieren.) Der allgemeine Begriff, mit dem BALZER arbeitet, ist der Begriff des *Meßmodells*. In unserem Beispiel wäre die der Gewichtsbestimmung dienende Entität *b* ein derartiges Meßmodell. Unter Verwendung dieses Begriffs können wir eine Größe *t* genau dann als *T-theoretisch im Sinn von SNEED* bezeichnen, *wenn jedes Meßmodell für t bereits ein Modell von T ist*. In diesem Sinn ist, unter der Annahme (α), entweder *b* ein Meßmodell für *g*, das zugleich ein Modell von *AS* ist; *oder b* ist kein Modell von *AS*, dann ist es auch kein Meßmodell für *g* (da die erhaltenen Werte uninteressant und unbrauchbar sind).

Unsere Diskussion mit einem imaginären empiristischen Opponenten hatte nicht nur den didaktischen Zweck, Einwendungen gegen das Konzept der *T*-Theoretizität zu entkräften. Sie hatte zugleich eine Ambiguität im Gedanken des korrekten Funktionieren eines Meßgerätes zutage gefördert. Darunter kann entweder etwas epistemologisch harmloses oder etwas epistemologisch nicht harmloses verstanden werden. Gewöhnlich denkt man nur an den harmlosen Gebrauch. Dieser liegt vor, wenn man für die Überprüfung der Korrektheit zwar eine Theorie oder Hypothese heranziehen muß, bisweilen „Theorie des Meßinstrumentes" genannt, diese Theorie jedoch von ‚niedrigerer Stufe' oder jedenfalls ‚von ganz anderer Art' ist und daher unabhängig von derjenigen Theorie getestet werden kann, in welche die fragliche Größe erstmals eingeführt wurde. Dann sind wir tatsächlich mit keiner epistemologischen Schwierigkeit konfrontiert, die dem Problem der theoretischen Terme analog wäre. Ein solcher harmloser Fall liegt in unserem Beispiel bezüglich der Abstandsmessung vor: Um die Werte der Funktion *d* für die einzelnen auf der Wippschaukel bzw. auf der Balkenwaage befindlichen Objekte zu bestimmen, muß man zwar eine Theorie der Längenmessung heranziehen und für den vorliegenden Fall als gültig unterstellen. Doch da keine Theorie der Längenmessung ihrerseits die archimedische Statik voraussetzt, haben wir es bei der Bestimmung der Werte von *d* mit einem unproblematischen Fall zu tun.

Anders verhält es sich, wenn bezüglich einer zu messenden Größe *t* in die Hypothese vom korrekten Funktionieren des Meßinstrumentes die Gültigkeit derjenigen Theorie *T* Eingang findet, in welche *t* eingeführt worden ist, und zwar genau die Gültigkeit von *T* für eben dieses Meßinstrument als eine der vielen intendierten Anwendungen von *T*. Dann sind wir mit jenem epistemologischen Zirkel konfrontiert, den SNEED das Problem der theoretischen Terme nennt.

Die soeben vorgenommene Unterscheidung zwischen einem harmlosen und einem nicht harmlosen Gebrauch überträgt sich analog auf alle diejenigen Fälle, in denen heutige Wissenschaftsphilosophen von einer *Theoriendurchtränktheit* (engl. „theoryladenness") der Beobachtungen sprechen. Solange damit nichts anderes gemeint ist als die Tatsache, daß in allen Beobachtungen hypothetische Komponenten stecken, beinhalten derartige Hinweise nicht mehr als die in unserem gegenwärtigen Kontext harmlose Feststellung, daß die Suche nach einem absolut sicheren, d.h. hypothesenfreien ‚empirischen Fundament der Erkenntnis' illusorisch ist. Sobald damit jedoch gemeint ist, daß eben diejenigen

Daten, die für eine Theorie T von Relevanz sind, etwa um T zu überprüfen, die Gültigkeit von T voraussetzen, liegt genau dieselbe epistemologisch zirkuläre Situation vor wie in den nicht harmlosen Annahmen über das korrekte Funktionieren eines Meßinstrumentes.

Zu den wenigen allgemein anerkannten Leistungen der empiristisch orientierten Wissenschaftsphilosophie gehört die Theorie der Messung. Daß das neue Theoretizitätskonzept von vielen Wissenschaftsphilosophen mit Reserve und Mißtrauen zur Kenntnis genommen wird, beruht vielleicht zum Teil darauf, daß hier eine allen modernen Metrisierungstheorien zugrunde liegende Vorstellung preisgegeben wird. Diese Vorstellung kann schlagwortartig so charakterisiert werden: „Dort die Theorie und hier die Messung der in dieser Theorie vorkommenden Größen. Beides muß voneinander unabhängig sein." Und wie könnte es auch anders sein, wo doch nur über die Messung dieser Größen die Theorie nachzuprüfen und gegebenenfalls zu falsifizieren ist! Unsere Betrachtung hat demgegenüber folgendes gezeigt: Soweit es um theoretische Größen geht, liegt hier eine *Fehlintuition* vor. Hier sind Theorie und Größen nicht unabhängig voneinander, sondern ‚unmittelbar miteinander verwoben'. Die herkömmlichen Theorien der Messung müssen durch neue ersetzt werden, bei denen der Begriff der theoriegeleiteten Messung im Vordergrund steht. (Für konkrete Beispiele aus verschiedenen wissenschaftlichen Disziplinen vgl. W. Balzer [Messung].)

Unsere Diskussion hat auch ergeben, warum der bisweilen gemachte Versuch scheitert, theoriegeleitete Messungen durch den Vergleich mit der Verwendung von Theorien für Erklärungen und Voraussagen zu verharmlosen. Bei dieser Parallelisierung wird etwa folgendes gesagt: „Wenn sich eine Theorie dafür eignet, neue Voraussagen zu machen, so ‚setzt man ebenfalls die Theorie voraus', um diese Prognosen herzuleiten. Aber dies hat doch keine weitere epistemologische Bedeutung! Je nachdem, ob die Prognose zutrifft oder nicht, hat sich die Theorie bewährt oder nicht bewährt." Dazu ist zu sagen: Hier handelt es sich um den typisch harmlosen Fall. Denn der so Argumentierende setzt stillschweigend voraus, daß für die Beschreibung der Voraussagen das nicht-theoretische Vokabular der Theorie ausreicht. Dies gilt z. B. für übliche Prognosen im Rahmen der Himmelsmechanik. Vorausgesagt werden z. B. Sonnen- und Mondfinsternisse, also Phänomene, die man mit Hilfe der Ortsfunktion (und evtl. deren Ableitungen), also ohne Zuhilfenahme der *KPM*-theoretischen Begriffe *Masse* und *Kraft* beschreiben kann. Würde man dagegen *außerdem* Werte dieser beiden Funktionen voraussagen, so würde man sofort in den epistemologischen Zirkel hineingeraten. Verschleiert wird das diesmal durch eine andere Ambiguität, nämlich eine, die im Wort „voraussetzen" steckt. Der eben geschilderte Fall der Benützung einer Theorie für Prognosenzwecke ist deswegen harmlos – nämlich harmlos bei Beschreibung der Prognosen mittels des nichttheoretischen Vokabulars –, weil „voraussetzen" hier nicht mehr bedeutet als: „für den Zweck einer Deduktion *als Prämisse voraussetzen*". In einem solchen Fall wäre es sogar rein sprachlich angemessener, das Wort „voraussetzen" überhaupt nicht zu benützen und nur von der *Verwendung der*

Theorie als Prämisse einer Ableitung zu reden. In denjenigen Fällen hingegen, auf welche wir uns konzentrierten, war eine viel stärkere Annahme erforderlich: Die fragliche Theorie mußte nicht bloß als Prämisse verwendet, sondern *als gültig vorausgesetzt* werden und zwar als gültig für genau diejenige Anwendung, die den Meßvorgang repräsentiert. Der Fehler in der Parallelisierung liegt also darin, daß der Opponent das Wort „voraussetzen" in dem ziemlich vagen Sinn von „als Prämisse verwenden" versteht, während wir diesen Ausdruck im streng logischen Sinn benützen, nämlich im Sinn von „logische Folge sein".

Zwischendurch sollte sich der Leser daran erinnern, daß unsere Miniaturtheorie nur der Veranschaulichung dient. Worauf es ankommt, sind die Analogien in den Fällen ‚interessanter, globaler Theorien'. So z. B. ist es, ebenso wie oben, sehr leicht, irgendwelche Verfahren zur Massenbestimmung anzugeben, die z. B. in der Beobachtung eines Gleichgewichtes bestehen und *scheinbar* die Theorie *KPM* nicht voraussetzen. Sobald man jedoch der Frage nachgeht: „Woher weißt du denn, daß das beobachtete Gleichgewicht wirklich ein *mechanisches* Gleichgewicht ist?", kommt man – völlig analog unserem Miniaturbeispiel – zu dem Resultat, daß man dies erst dann weiß, wenn man sicher sein kann, daß das Meßmodell eine *KPM* ist, wozu insbesondere gehört, daß das zweite Axiom von Newton für dieses Meßmodell gilt.

Sollten einige Leser noch immer die Neigung haben, das Problem der theoretischen Terme irgendwie zu verharmlosen, so möchten wir diese darauf aufmerksam machen, daß hier ein Problem von prinzipiell derselben Größenordnung vorliegt wie bei einer Antinomie. Daß es sich bei den semantischen sowie bei den mengentheoretischen Antinomien um *echte* Probleme handelt, wird heute, nach Jahrhunderten versuchter Verharmlosung der Antinomie des Lügners, allgemein anerkannt. So wie dort wäre auch bei unserem Problem eine Verharmlosung fehl am Platz.

Denn *ein epistemologischer Zirkel ist nichts Triviales. Er ist etwas Furchtbares. Genau so furchtbar wie eine Antinomie.*

Daher können wir ihn nicht einfach hinnehmen, wir müssen versuchen, ihn zu lösen.

**1.3.3 Die Ramsey-Lösung des Problems der theoretischen Terme. ‚Indirekte'
Axiomatisierung.** Glücklicherweise ist im vorliegenden Fall, zum Unterschied von dem der Antinomie, seit langem eine Lösung bekannt. Bevor wir sie beschreiben, müssen wir in bezug auf unser Miniaturbeispiel an ein altes Sprichwort erinnern: „Jeder Vergleich hinkt." Es war von vornherein zu erwarten, daß der Versuch, moderne globale Theorien mit der ‚lächerlichen Minitheorie' *AS* in Parallele zu setzen, irgendwo zusammenbrechen muß. Immerhin konnten wir die Analogie unter einer ganz bestimmten Annahme soweit durchziehen, wie wir es für unsere Zwecke benötigten. Es war dies die Annahme (α). In ihr haben wir den ganzen Unterschied lokalisiert.

Mit der Preisgabe dieser Annahme verschwindet das Problem *für diese* Miniaturtheorie. Wenn wir der Aufforderung stattgeben: „Benütze für die Gleichgewichtsbestimmung keine Balkenwaage, sondern z. B. eine Federwaage!", sind wir das ganze Problem für unser Miniaturbeispiel los.

Nicht hingegen sind wir es los für eine globale Theorie wie *KPM*. Auch da würden wir zu der Feststellung gelangen, daß die folgende Aussage:

(I*) Unser Planetensystem ist eine klassische Partikelmechanik

keine empirische Aussage sein kann, da man für die Überprüfung von (I*) von einer Annahme derart ausgehen muß, daß für eine andere Entität w gilt:

(II*) w ist eine klassische Partikelmechanik.

Zum Unterschied von unserer Minitheorie *AS* beruht dieser Übergang jedoch *nicht* auf einer ad-hoc-Annahme von der Gestalt (α). Wir können dem epistemologischen Zirkel also nicht dadurch entgehen, daß wir eine die Meßmethoden künstlich einschränkende Annahme preisgeben.

Vielleicht ist dies der zentrale Unterschied zwischen einer Miniaturtheorie und einer echten globalen Theorie T, daß in der letzteren T-theoretische Terme auftreten, während man für die erstere Analoga zur T-Theoretizität nur dadurch künstlich konstruieren kann, daß man einschränkende Annahmen über die zur Verfügung stehenden Meßinstrumente macht.

Im Augenblick kann der Leser diesen Einschub über den mutmaßlichen Unterschied zwischen globalen Theorien und solchen, die dies nicht sind, wieder vergessen. Wir haben ihn nur gemacht, um rechtzeitig etwaigen skeptischen Bedenken zu begegnen. Denn wir knüpfen wieder an unser Beispiel an, um die Lösung des Problem der theoretischen Terme daran zu erläutern.

Grob gesprochen, besteht die Lösung darin, die theoretischen Größen in Sätzen einer Theorie, die als *empirische* Aussagen intendiert sind, ,existenziell wegzuquantifizieren', d. h. die theoretischen Größen durch Variable zu ersetzen und diese durch vorangestellte Existenzquantoren zu binden. Da diese Methode bereits vor über 50 Jahren von F. P. Ramsey entdeckt worden ist – und zwar als ein Verfahren, um eine Aussage mit theoretischen Termen durch eine solche zu ersetzen, in denen diese Terme nicht mehr vorkommen, die jedoch dieselbe empirische Leistungsfähigkeit hat wie jene –, nennt Sneed diese Methode die *Ramsey-Lösung* des Problems der theoretischen Terme. (Für eine genaue Beschreibung von Struktur und empirischer Leistungsfähigkeit des Ramsey-Satzes vgl. II/1.)

Wir erläutern das Verfahren am Beispiel unseres Satzes (I). Dieser ist, wie wir in 1.3.2 feststellten, unter der dort gemachten Annahme keine empirische Aussage. Es kommt also darauf an, (I) in eine Aussage zu transformieren, welche die (I) zugedachten empirischen Leistungen erbringt, für die jedoch das Problem der theoretischen Terme zum Verschwinden gebracht worden ist. Wir können nicht unmittelbar an das in II/1 geschilderte Verfahren zur Bildung des Ramsey-Satzes anknüpfen; denn wir müssen vorher die Ramsey-Satz-Methode mit der im gegenwärtigen Zusammenhang benützten Methode der mengentheoretischen Prädikate in Einklang bringen.

Dazu knüpfen wir wieder an das Prädikat „*AS*" von 1.1.1 an. Da es die theoretischen Größen sind, die uns Schwierigkeiten bereiten, bilden wir daraus ein neues Prädikat, welches in dem Sinn bloß ein fragmentarisches Bruchstück von „*AS*" ist, als darin alle Bestimmungen weggelassen sind, in denen theoretische Größen vorkommen. Dafür ist offenbar ein radikalerer Einschnitt erforderlich als beim Übergang von „*AS*" zu „*AS$_p$*", bei welchem wir nur das eigentliche Gesetz (5) der Theorie wegließen.

Wir haben uns an früherer Stelle davon überzeugt, daß die Funktion *g* bzw. der sie designierende Term *AS*-theoretisch ist. Also müssen wir auch noch die Bestimmungen (3)(b) und (4) in der Definition von „*AS*" weglassen. Die Extension dieses neuen Prädikates besteht nicht mehr aus den potentiellen Modellen unserer Miniaturtheorie, sondern nur mehr aus Fragmenten von solchen; denn *g* kommt darin nicht mehr vor. Wir nennen die Elemente der Extension *partielle potentielle Modelle* unserer Theorie; gelegentlich werden wir diese etwas umständliche Bezeichnung zu „*partielle Modelle*" abkürzen. Genauer definieren wir ein neues Prädikat „*AS$_{pp}$*" wie folgt:

> *x* ist ein *AS$_{pp}$* (ein *partielles potentielles Modell* oder ein *partielles Modell* der archimedischen Statik) gdw es ein *A* und ein *d* gibt, so daß gilt:
> (1) $x = \langle A, d \rangle$;
> (2) *A* ist eine endliche, nichtleere Menge, z.B.
> $A = \{a_1, \ldots, a_n\}$;
> (3) $d : A \to \mathbb{R}$.

In Ergänzung zu der in 1.1.1 eingeführten mengentheoretischen Symbolik nennen wir die Klasse der Modelle dieses neuen Prädikates $M_{pp}(AS)$ oder kurz: M_{pp}. M_{pp} ist also identisch mit der Klasse

$$\{x \mid x \text{ ist ein } AS_{pp}\}.$$

Kehren wir jetzt wieder für einen Augenblick zur Aussage (I) zurück. Sie kann zunächst als bejahende Antwort auf die Frage aufgefaßt werden, ob (das potentielle Modell) *a* den Bedingungen der Theorie *AS* genügt. Da die theoretischen Größen uns Schwierigkeiten bereiten, ersetzen wir *a* durch das ‚nicht-theoretisch beschreibbare Fragment‘ *e* von *a*, welches übrig bleibt, wenn man die theoretischen Größen daraus ‚wegschneidet‘; m.a.W. wir ersetzen das potentielle Modell *a* durch das daraus nach Anwendung dieser Entfernungsoperation entstehende partielle potentielle Modell *e*. Wir nennen die so reduzierte Entität *e* eine *empirische Struktur*. Dann ersetzen wir die ursprüngliche Frage durch die für diese empirische Struktur analoge Frage: Genügt die empirische Struktur *e* den Bedingungen der Theorie?

Aber was könnte das bedeuten? Wir müssen dieser Frage erst einen genauen Sinn verleihen. Denn auf der einen Seite kommen in *e* die theoretischen Größen überhaupt nicht vor, während auf der anderen Seite die Theorie gerade diesen Größen bestimmte Bedingungen auferlegt. Trotzdem ist es klar, was allein damit gemeint sein kann. Man erkennt dies am besten, wenn man diejenigen Fälle betrachtet, in denen die Frage negativ zu beantworten ist: Hier gibt es keine Möglichkeit, die empirische Struktur oder das partielle Modell *e* auf solche Weise durch theoretische Größen zu ergänzen, daß das durch diese Ergänzung entstandene potentielle Modell das Fundamentalgesetz erfüllt, also zu einem Modell der Theorie wird. Im bejahenden Fall hingegen *gibt es* eine solche theoretische Ergänzung: die empirische Struktur *e* steht *partiell* (*teilweise*) mit der Theorie im Einklang. Dies liefert übrigens eine nachträgliche Rechtfertigung für die Benennung der neuen Menge M_{pp}.

Für unser Miniaturbeispiel können wir exakt angeben, wodurch sich e von a unterscheidet. Eine genaue Charakterisierung des Designates von „a" würde eine Beschreibung der Kinderschaukel im Gleichgewichtszustand beinhalten, wobei diese Beschreibung neben der Anzahl der Kinder auf jeder der beiden Seiten auch deren Abstände vom Drehpunkt sowie die Angabe der Gewichte der Kinder enthielte. Eine genaue Charakterisierung des Designates von „e" enthielte dasselbe, *mit Ausnahme der Gewichtsangaben, die ersatzlos gestrichen werden.* Und an die Stelle von (I) soll jetzt die Behauptung treten, daß diese empirische Struktur e auf solche Weise zu einem potentiellen Modell ergänzt werden kann, daß sich dieses sogar als ein Modell der Theorie erweist.

Diesen Begriff der theoretischen Ergänzung wollen wir für unser Miniaturbeispiel ebenso präzise definieren wie die drei Prädikate, als deren Extensionen wir die Mengen M, M_p und M_{pp} gewonnen haben. Wir führen den Begriff als eine zweistellige Relation ein.

xEy *bezüglich* $M_{pp}(AS)$ (x ist *eine theoretische Ergänzung von y bezüglich des Prädikates „AS_{pp}" bzw. bezüglich der Menge $M_{pp}(AS)$*) gdw es ein A und ein d gibt, so daß gilt:
 (1) $y = \langle A, d \rangle$;
 (2) $y \in M_{pp}$ (d. h. y ist ein AS_{pp});
 (3) es gibt eine Funktion $g : A \to \mathbb{R}$, so daß $x = \langle A, d, g \rangle$.

Den Zusatz „bezüglich . . ." werden wir im folgenden gewöhnlich fortlassen. Daß y ein partielles Modell der vorliegenden Theorie AS ist, wird in (2) ausdrücklich verlangt. (Wir haben hier beide Schreibweisen benützt, einmal die in der Sprache der Menge M_{pp} und innerhalb der Klammer zusätzlich die alternative Redeweise in der Sprache des reduzierten Prädikates „AS_{pp}". Später werden wir allein von der ersten Sprechweise Gebrauch machen.)

Die Aussage (I), welche ursprünglich als elementare empirische Aussage intendiert war, ersetzen wir nun durch die folgende:
 (III) $\bigvee x (xEe \land x \in M)$
(umgangssprachlich: „es gibt eine theoretische Ergänzung x von e, die ein Modell ist, auf die also das Prädikat ‚AS' zutrifft".)

Zu beachten ist dabei, daß e hierbei als partielles potentielles Modell der Theorie AS vorausgesetzt wird. Dies braucht in (III) nicht ausdrücklich gesagt zu werden, da es, wie bereits hervorgehoben, Bestandteil der Ergänzungsrelation ist (vgl. die Bestimmung (2) mit „e" statt „y").

Man kann sich leicht davon überzeugen, daß uns die Aussage (III), zum Unterschied von der Aussage (I), nicht mehr in den in 1.3.2 beschriebenen epistemologischen Zirkel hineinzwingt. Um (I) zu verifizieren, hätten wir zunächst die in a vorkommenden Gewichte ermitteln und dann überprüfen müssen, ob sie zusammen mit den Abständen die goldene Regel der Statik erfüllen. In (III) jedoch wird die Entität a überhaupt nicht mehr erwähnt. Und an die Stelle der, wie wir konstatieren mußten, empirisch nicht zu lösenden Aufgabe, die Gewichte der Kinder in einer von der gegenwärtigen Theorie unabhängigen Weise zu ermitteln, um über Vorliegen oder Nichtvorliegen von $a \in M$ zu entscheiden, tritt jetzt *die rein logisch-mathematische Aufgabe*, eine solche Ergänzung x von e anzugeben, so daß $x \in M$ gilt.

Sobald diese Angabe geglückt ist, hat man (III) empirisch verifiziert. Daher sind wir berechtigt, die Aussage (III), zum Unterschied von (I), als *empirische Aussage* zu betrachten. Und da diese Aussage jetzt genau die Stelle einnimmt, die ursprünglich der Aussage (I) zugedacht war, dürfen wir Aussagen von der Gestalt (III) als *die empirischen Aussagen von einfachster Gestalt* betrachten, die wir mit Hilfe unserer Theorie *AS* produzieren können. Alle derartigen Aussagen haben Ramsey-Form; denn sie beginnen mit einem Präfix von Existenzquantoren (nämlich mit mindestens einem solchen Quantor) und enthalten die theoretischen Größen nur mehr als gebundene Variable. (Innerhalb der Definition der zweistelligen Relation E haben wir in der Bestimmung (3) zwecks besserer Vergleichsmöglichkeit dasselbe Symbol „g" verwendet, welches an früherer Stelle zur Bezeichnung einer theoretischen Funktion diente; im gegenwärtigen Kontext ist dieses Symbol eine gebundene Variable, wie ein Blick auf die Formulierung von (3) lehrt.)

1.3.4 Vorläufige Charakterisierung des Begriffs der Theorie. Wir können jetzt den Versuch unternehmen, das strukturalistische Theorienkonzept andeutungsweise dadurch zu erläutern, daß wir den Begriff der Theorie in einem allerersten Approximationsschritt einführen. Der Zusatz „erster Approximationsschritt" ist dabei zu beachten; denn es werden noch verschiedene Modifikationen und Ergänzungen hinzutreten. Einen Vergleich der verschiedenen Entitäten, zu denen wir dabei am Ende gelangen, mit den präsystematischen Verwendungen des Wortes „Theorie" werden wir weiter unten anstellen.

Entsprechend der in Abschn. 2 angestellten Überlegung, wonach ein Forscher bei der Errichtung einer Theorie prinzipiell ‚zweigleisig' verfahren muß, um einerseits die mathematische Struktur seiner Theorie zu entwerfen und andererseits typische Anwendungsbeispiele zu finden, soll eine Theorie als etwas konzipiert werden, das zwei Komponenten hat. Die mathematische Komponente besteht ihrerseits, wie wir erkannt haben, aus drei Bestandteilen. Wir können alle drei als Klassen konstruieren. Grundlegend ist die Klasse M_p der potentiellen oder der möglichen Modelle der Theorie, die alle Entitäten enthält, die das begriffliche Grundgerüst der Theorie aufweisen. Der zweite Bestandteil ist die Klasse M der Modelle der Theorie, die alle diejenigen Elemente von M_p enthält, welche überdies das Fundamentalgesetz der Theorie erfüllen. Den dritten Bestandteil soll schließlich die Klasse M_{pp} bilden, die aus M_p dadurch hervorgeht, daß die theoretischen Größen aus deren Elementen weggeschnitten werden. Die Beibehaltung der Reihenfolge ist wesentlich. Daher führen wir für das geordnete Tripel dieser drei Entitäten eine eigene Bezeichnung ein und nennen sie den (provisorischen) Kern K einer Theorie. Es gilt also: $K = \langle M_p, M, M_{pp} \rangle$.

Da wir einerseits den Begriff der Theorie erst präzisieren wollen, andererseits das Wort „Theorie" ständig verwenden, sei für diejenigen Leser, die hierin eine Zirkularitätsgefahr erblicken, eine kurze Erläuterung eingefügt. Wo immer in den vorangehenden Sätzen das Wort „Theorie" gebraucht worden ist, wurde es im präsystematischen, üblichen Sinn verstanden, als *Explikandum* im Sinn von CARNAP. Worum es uns geht, ist die sukzessive Überführung dieses präsystematischen Begriffs in eine systematische Entsprechung, in ein *Explikat* im Sinn von CARNAP. Damit unser Verfahren anwendbar wird, müssen wir voraussetzen, daß die präsystematisch vorliegende Theorie hinlänglich klar abgefaßt ist, um in axiomatischer Gestalt angeschrieben werden zu können. Falls es sich dabei um eine der üblichen Varianten von Axiomatisierung handelt, denken wir uns diese in die Definition eines mengentheoretischen Prädikates, etwa „S", im Sinn von SUPPES umgeschrieben, was eine reine Routineangelegenheit ist. Das geordnete Paar, welches *wir* „Theorie" (in erster Approximation) nennen wollen, enthält als Erstglied den Kern K, dessen drei Komponenten wir nach dem geschilderten Schema aus dem Prädikat „S" gewinnen, nämlich: M ist die Extension dieses Prädikates selbst; M_p ist die Extension des aus „S" dadurch entstehenden Prädikates, daß man die das Fundamentalgesetz ausdrückende Bestimmung wegläßt; und M_{pp} ist schließlich die Extension des Rumpfprädikates, das aus dem zuletzt gewonnenen dadurch hervorgeht, daß man auch noch alle definitorischen Bestimmungen wegläßt, in denen theoretische Terme vorkommen. Für unsere Miniaturtheorie AS waren diese drei Entitäten, aus denen der Kern besteht, die Extensionen der drei angegebenen Prädikate „AS", „AS_p" und „AS_{pp}".

Die zweite Komponente einer Theorie soll deren intendierte Anwendungen enthalten, also mit der Menge I identisch sein. Verstehen wir unter T das formale Gegenstück, also das Explikat, unserer präsystematisch vorgegebenen Theorie, so können wir T somit in erster Approximation identifizieren mit dem geordneten Paar, bestehend aus K und I:

$$T = \langle K, I \rangle,$$

wobei K und I im obigen Sinn zu verstehen sind. Wichtig ist dabei, sich in jedem späteren Stadium des Räsonierens dessen bewußt zu bleiben, daß I keine fertige platonische Entität ist, sondern eine offene Menge bildet, zu der häufig eine paradigmatische Grundmenge I_0 in der Einschlußrelation steht: $I_0 \subseteq I$.

Selbst für diese erste und rohe Approximation müssen wir noch eine wichtige Ergänzung vornehmen. Vorläufig stehen nämlich die beiden Komponenten K und I beziehungslos nebeneinander. Wie sich im Verlauf der Diskussion der Aussage (I) und ihrer Ersetzung durch (III) ergeben hat, können wir zwar die intendierten Anwendungen nicht unter das *gesamte* Begriffsgerüst der Theorie subsumieren, da das letztere auch Bestimmungen über die theoretischen Größen enthält, welche in jenen nicht vorkommen. Dagegen müssen die intendierten Anwendungen *als partielle potentielle Modelle* der Theorie *deutbar* sein, um sie zu potentiellen Modellen und zu Modellen ergänzen zu können. Die Menge I muß somit als Teilmenge von M_{pp} konstruierbar sein, so daß der obigen Charakterisierung von T noch die Bedingung hinzuzufügen ist:

$$I \subseteq M_{pp}.$$

Genau genommen gilt dies nur dann, wenn wir uns I als Menge von *individuellen* Anwendungen denken. Falls wir dagegen die früher erwähnte andere Alternative wählen, I als Menge von Anwendungs*arten* aufzufassen – im Fall der klassischen Partikelmechanik also ‚die Pendelbewegungen' *eine* Anwendung und ‚die Gezeitenvorgänge' *eine* andere Anwendung dieser Theorie nennen –, so ist die obige Einschlußrelation durch die folgende zu ersetzen:

$$I \subseteq Pot(M_{pp});$$

denn auch nach dieser Umdeutung von „I" besteht die Menge M_{pp} weiterhin aus individuellen partiellen Modellen. („Pot" bezeichnet hier, wie üblich, die Operation der Potenzmengenbildung).

Wir wollen uns jetzt den durch Aussagen von der Gestalt (III) beschriebenen Sachverhalt veranschaulichen und dabei zugleich ein Verfahren entwickeln, um alle diese Aussagen sowohl summarisch zusammenzufassen als auch für die Wiedergabe ihres Inhaltes nur mehr die Mittel der *informellen Modelltheorie* zu benützen. Auf die oben als „quasi-linguistisch" bezeichnete Methode der informellen mengentheoretischen Prädikate können wir dann ganz verzichten.

Würde das axiomatische Verfahren in den Erfahrungswissenschaften gemäß den ursprünglichen empiristischen Vorstellungen vonstatten gehen, so würde man keinen Umweg über theoretische Begriffe nehmen müssen. Technisch gesprochen: Die beiden Mengen M_p und M würde man *überhaupt nicht* benötigen, sondern vielmehr *direkt* auf der Stufe der M_{pp}'s ansetzen. Und die ganze Leistung der Theorie T würde sich auf die beiden Aufgaben reduzieren, erstens durch geeignete Axiome eine ‚hinreichend enge' Teilklasse von M_{pp} auszuzeichnen und zweitens zu behaupten, daß die Elemente von I alle in dieser Teilklasse liegen; vgl. Fig. 1-1.

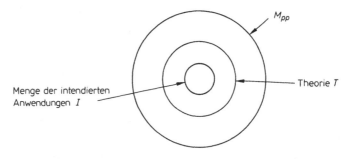

Fig. 1-1

Die im größten Kreis liegenden Punkte repräsentieren hier partielle Modelle. Jeder der in I liegenden Punkte steht für eine (individuelle) intendierte Anwendung. Und die im Kreis T liegenden Punkte symbolisieren diejenigen Elemente aus M_{pp}, die den durch die Axiome der Theorie auferlegten einschränkenden Bedingungen genügen.

Wir nennen hier ein derartiges Verfahren eine *direkte* Axiomatisierung. Sobald empirische Theorien ein gewisses Reifestadium erreicht haben, verfahren sie nicht mehr in dieser Weise. Für eine solche Theorie T spielen T-theoretische Begriffe eine Schlüsselrolle. Der Versuch, das Funktionieren einer solchen ‚modernen' Theorie zu veranschaulichen, muß daher von zwei Ebenen, einer *nicht-theoretischen* Ebene und einer *theoretischen* Ebene, Gebrauch machen. Wir deuten in Fig. 1-2 die theoretische Ebene oben und die nicht-theoretische Ebene unten an. Die Menge der potentiellen Modell M_p liegt in der oberen, die der partiellen Modelle M_{pp} in der unteren Ebene. Aus jedem potentiellen Modell geht durch Weglassung der theoretischen Komponenten ein partielles Modell hervor.

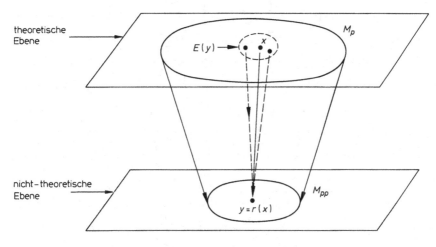

Fig. 1-2

Wir können diesen Prozeß der Entfernung der theoretischen Komponenten so deuten, daß er durch eine Funktion bewerkstelligt wird. Sie heiße *Restriktionsfunktion* $r: M_p \to M_{pp}$ und hat M_p als Argument- und M_{pp} als Wertbereich. Im Fall unserer Miniaturtheorie würde r, angewendet auf ein potentielles Modell $x = \langle A, d, g \rangle$, das entsprechende partielle Modell $y = \langle A, d \rangle$ erzeugen. (Im folgenden schreiben wir häufig „r^0" statt „r", um anzudeuten, daß diese Funktion hier auf der untersten mengentheoretischen Stufe, genannt die nullte Stufe, angewendet werden soll, also *einzelne* potentielle Modelle als Argumente nimmt. Wenn die analoge Funktion auf höherer mengentheoretischer Stufe wirksam werden soll, so schreiben wir je nach Sachlage „r^1", „r^2" usw.)

Wenn $y = r(x)$ gilt, so nennen wir das partielle Modell y ein *Redukt* des potentiellen Modelles x. Der punktierte Kreis in der theoretischen Ebene von Fig. 1-2, der x umschließt, soll andeuten, daß ein und dasselbe y das Redukt von zahlreichen, im Prinzip sogar von unendlich vielen, potentiellen Modellen sein kann. Deren Menge haben wir oben durch „$E(y)$" symbolisiert, was etwa gelesen werden kann als: „die Menge der theoretischen Ergänzungen von y". Die Funktion E ist also einfach definiert durch: $E(y) := \{x \mid x \in M_p \wedge r(x) = y\}$. Wegen der Tatsache, daß stets mehrere Elemente aus M_p dasselbe Redukt besitzen, zeichneten wir hier und im folgenden den M_p-Kreis oben größer als den entsprechenden M_{pp}-Kreis unten.

Die Theorie und ihre Leistungen haben wir in dieses zweite Bild noch gar nicht eingetragen. Dies holen wir in Fig. 1-3 nach. Dabei gehen wir in einem gleich zu erläuternden Sinn davon aus, daß wir es mit einer *guten* Theorie zu tun haben.

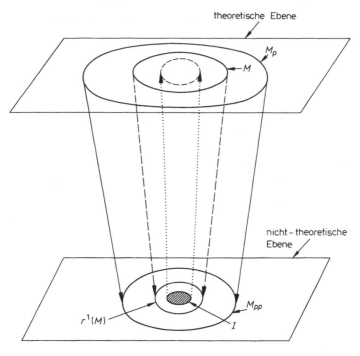

Fig. 1-3

Die Theorie setzt hier nicht, wie gemäß der in Fig. 1-1 fingierten naiv-empiristischen Denkweise, in der unteren Ebene, sondern in der oberen Ebene an. *Sie schränkt nicht bereits die Klasse M_{pp}, sondern erst die Klasse von deren theoretischen Ergänzungen, also M_p, zu der Klasse der Modelle M ein.* Wenn wir auf diese Klasse die Operation r^1 anwenden[2], so erhalten wir als Redukt einen Kreis auf der nicht-theoretischen Ebene, der I zur Gänze einschließt: $I \subseteqq r^1(M)$.

Wenn wir uns den Inhalt des Satzes (III), bzw. allgemein: eines Satzes von dieser Gestalt, gemäß Fig. 1-3 veranschaulichen, so müssen wir davon ausgehen, daß wir mit e als einem Element von I beginnen. Von diesem e wird behauptet, daß es eine theoretische Ergänzung x besitzt (in der Symbolik von Fig. 1-2: daß ein Element von $E(e)$ existiert), welche überdies ein Modell der Theorie, also ein Element von M ist.

Die durch Fig. 1-3 veranschaulichte Aussage

(i) $I \subseteqq r^1(M)$

enthält wesentlich mehr als dieses Analogon zu (III), nämlich eine summarische

---

2   Es sei nochmals daran erinnert, daß wir der Funktion r den oberen Index 1 verleihen müssen, da wir diese Funktion jetzt, zum Unterschied von früher, nicht auf einzelne Elemente, sondern auf die ganze *Teilmenge M* von M_p anwenden.

Zusammenfassung *aller* dieser Aussagen. Für jede einzelne dieser Aussagen müssen wir, wie wir dies für *e* taten, von einem *bestimmten*, durch einen innerhalb von *I* liegenden Punkt auf der unteren Ebene repräsentierten Element von *I* ausgehen, um einen ‚entsprechenden' Punkt auf der oberen Ebene zu finden, der in *M* liegt. In (i) sind sämtliche Aussagen dieser Gestalt zusammengefaßt, was in Fig. 1-3 seinen Niederschlag darin findet, daß *die ganze Fläche*, welche die Menge *I* symbolisiert, innerhalb von $r^1(M)$ liegt, umgangssprachlich reproduzierbar etwa als: ,,sämtliche intendierte Anwendungen besitzen Ergänzungen, welche Modelle der Theorie sind."

Gegenüber der in Fig. 1-1 wiedergegebenen *direkten* Axiomatisierung könnte man dieses raffinierte Verfahren, welches einen Umweg über theoretische Komponenten nimmt, als *indirekte Axiomatisierung* bezeichnen: Die nicht-theoretischen Daten aus *I* werden mittels der Theorie nicht direkt dadurch erfaßt, daß man den Elementen aus M_{pp} selbst axiomatische Einschränkungen auferlegt, sondern sie werden indirekt dadurch in den Anwendungsbereich der Theorie einbezogen, daß *theoretische Ergänzungen* der Elemente aus M_{pp}, also Elemente aus M_p (obere Ebene), axiomatischen Einschränkungen unterworfen werden und dadurch M_p zu *M* verkleinert wird, wobei dann erst das Redukt $r^1(M)$ von *M* alle nicht-theoretischen Daten aus *I* einschließt.

Bei dem Stadium der Analyse, das wir jetzt erreicht haben, sind einer Theorie $T = \langle K, I \rangle$ empirische Aussagen von der Gestalt (III) zugeordnet, die zusammen alles ausdrücken, ‚was die Theorie über die Elemente von *I* auszusagen hat.' Wie wir gesehen haben, kann der Inhalt der Gesamtheit all dieser Aussagen durch den *einen* Satz (i) wiedergegeben werden. Drei kurze Kommentare erscheinen hier als angebracht:

(*a*) Mit der Aussage (i) haben wir endgültig die quasi-linguistische Darstellungsweise verlassen und sie ersetzt durch eine Formulierung in der Sprache der informellen Modelltheorie. Die Aussage (III) war demgegenüber noch zur Hälfte quasi-linguistisch, da darin das Prädikat ,,*E*" benützt wurde. Hätten wir das Analoge dort auch bezüglich des zweiten Konjunktionsgliedes getan, so hätten wir statt ,,$x \in M$" schreiben müssen: ,,*x* ist ein *AS*". Im folgenden werden wir die quasi-linguistische Methode ganz preisgeben und wegen verschiedener Vorzüge nur mehr Formulierungen verwenden, die (i) analog sind.

(Eine detaillierte Beschreibung der quasi-linguistischen Methode, welche auch die im folgenden behandelten Komplikationen deckt, findet sich in II/2 auf S. 75 bis 103.)

(*b*) Einer dieser Vorzüge, der sich bereits in (i) andeutet, ist das dadurch ermöglichte *Denken in globalen Strukturen*, wie es in II/2 genannt wurde, anstelle eines Denkens in isolierten Termen. Zum Unterschied von (III) wird in (i) nicht mehr von *speziellen* intendierten Anwendungen behauptet, daß geeignete theoretische Ergänzungen von ihnen *spezielle* Modelle werden. Vielmehr sind sämtliche derartige Einzelfeststellungen hier in einer einzigen Aussage enthalten, welche die beiden ‚globalen' Mengen *M* und *I* zueinander in Beziehung setzt.

(*c*) Wenn man, wie wir dies getan haben, eine Theorie *T* als geordnetes Paar $\langle K, I \rangle$ von der beschriebenen Art einführt, aber nichts weiter hinzufügt, so würde sich sofort die durchaus berechtigte Frage aufdrängen: „Und wo bleiben die Sätze?" Nach der herkömmlichen Auffassung, dem statement view von Theorien, *sind* Theorien ja selbst Gesamtheiten von derartigen Sätzen. Auch wir können diese Sätze sofort angeben. Denn die empirischen Behauptungen, die man mittels *T* formulieren kann, werden alle mittels (i) zusammenfassend dargestellt. Ungewöhnlich ist unser Vorgehen nur insofern, als wir scharf unterscheiden zwischen der *Theorie* und den *empirischen Behauptungen dieser Theorie.* Die herkömmliche Denkweise weicht von der unsrigen dadurch ab, daß sie erstens überhaupt nur diese Behauptungen betrachtet und zweitens die Gesamtheit dieser Behauptungen selbst „Theorie" nennt. Der strukturalistische Ansatz unterscheidet sich vom herkömmlichen also nicht etwa durch die absurde These, daß diese Aussagen wegfallen, *sondern daß er außer diesen Aussagen zusätzlich gewisse ihnen zugrunde liegende Strukturen betrachtet,* die im Rahmen des statement view vernachlässigt werden. Daß dann nicht die Satzgesamtheit, sondern das ihr zugrunde Liegende „Theorie" genannt wird, ist zum Teil eine rein terminologische Frage. Wir werden später darauf zurückkommen. Vorläufig sei nur soviel angemerkt: Im nächsten Approximationsschritt werden wir den Theorienbegriff nochmals verbessern und verfeinern. Die danach folgenden Schritte werden dagegen die Konsequenz haben, daß der *eine* Begriff „Theorie" überhaupt preisgegeben und durch eine *differenziertere Terminologie* ersetzt wird, so daß wir z.B. von *Theorie-Elementen, Theoriennetzen* und *Theorienkomplexen* sprechen. Daneben werden auf allen Ebenen wieder empirische Behauptungen oder Hypothesen auftreten. Und zwar wird jedem dieser ‚theorienartigen' Gebilde sogar eindeutig eine ganz bestimmte Behauptung oder Menge solcher Behauptungen zugeordnet. Ein Anhänger des herkömmlichen Aussagekonzeptes verliert also nichts, sondern gewinnt nur viel hinzu.

Alle diese Betrachtungen, die wir im Anschluß an (i) anstellten, beruhten auf der stillschweigenden Voraussetzung, daß *T* eine *gute* Theorie ist, welche die an sie gestellten Anforderungen erfüllt. Und dies bedeutet gerade, daß (i) *richtig* ist. Bei einer *mißratenen* Theorie kann dagegen der Fall eintreten, daß *I* nicht zur Gänze in $r^1(M)$ liegt. Die untere Ebene würde dann nicht wie in Fig. 1-3 aussehen, sondern so wie in Fig. 1-4. Derjenige Teilbereich von *I*, der nicht in $r^1(M)$ liegt, würde solche intendierten Anwendungen symbolisieren, an denen die Theorie *versagt* oder *scheitert.* Man beachte aber, daß die Beantwortung der Frage, ob ein solcher Fall wirklich eintreten kann, nicht trivial ist. Er ist

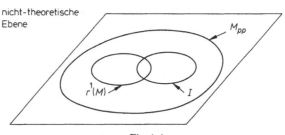

Fig. 1-4

jedenfalls *nur dann* möglich, wenn es ausgeschlossen ist, gewisse Elemente aus *I* theoretisch so zu ergänzen, daß die Ergänzungen in *M* liegen.

1.3.5 Zusammenfassung und Ausblick. So vorläufig und provisorisch auch unsere bisherigen Betrachtungen zum Thema *T*-Theoretizität sind, so dürften sie doch zur Verifikation der eingangs von 1.3.1 aufgestellten Behauptung genügen, daß das auf der Sneed-Intuition beruhende Theoretizitätskonzept von den beiden in Abschn. 1 und 2 geschilderten Aspekten *vollkommen unabhängig* ist, also auch unter Abstraktion von diesen diskutiert werden kann. Höchstens ein psychologischer Zusammenhang besteht in dem Sinn, daß es uns die Methode der mengentheoretischen Prädikate, zusammen mit der Vorstellung, daß die intendierten Anwendungen pragmatisch gegeben sind, leichter macht, sich die Natur *T*-theoretischer Begriffe vor Augen zu führen. Das gleiche gilt von den epistemologischen Konsequenzen dieses neuen Theoretizitätskonzeptes.

Wir haben die Sneed-Intuition als „Feuertaufe" bezeichnet, einmal deshalb, weil ein wirkliches Verständnis des weiteren strukturalistischen Vorgehens davon abhängt, ob diese Intuition, zusammen mit den sich aus ihr ergebenden relevanten Folgerungen, adäquat verstanden worden ist, und zum anderen aus dem Grund, weil hier die Abkehr von herkömmlichen Weisen des Denkens noch viel radikaler ist als bei den beiden anderen Aspekten. SNEED scheint der erste gewesen zu sein, der auf PUTNAMS Herausforderung eine bündige, präzise und überzeugende Antwort dadurch gefunden hat, daß er die ausgezeichnete Rolle, welche die *T*-theoretischen Terme in einer Theorie *T* spielen, analysierte. Trotzdem ist es nicht ganz verwunderlich, daß die Bemühungen um Klärung dieses Begriffs nicht etwa auf Ablehnung, sondern häufig auf fast totales Unverständnis gestoßen sind. Einer der Gründe dafür dürfte darin liegen, daß man in einer linguistisch orientierten Zeit schwer von der Vorstellung loskommt, die theoretischen Terme müßten ihre Natur der Art und Weise ihrer Verankerung in der Wissenschaftssprache verdanken und nicht der Rolle, die sie in der Theorie spielen, gleichgültig, in welcher formalen oder informellen Sprache diese Theorie formuliert ist.

Ein weiterer, vielleicht der ausschlaggebende Grund dürfte darin zu suchen sein, daß man, um die Theoretizität gewisser Terme einer Theorie zu erkennen, sowohl mit der fraglichen Theorie als auch mit gewissen formalen Methoden gut vertraut sein muß. Es ist kein Zufall, daß das ,Theoretizitätsphänomen' ausgerechnet SNEED auffiel, der nach abgeschlossenem Physikstudium bei SUPPES Philosophie studierte und sich rasch eine Routine im Umgang mit Definitionen von mengentheoretischen Prädikaten erwarb, die der Axiomatisierung vorgegebener Theorien dienen. Als SNEED diese mengentheoretischen Prädikate ,auf die empirische Realität anzuwenden' versuchte, da er ebenso wie an der mathematischen Struktur von Theorien auch an der *empirischen* Anwendung der diese Theorien ausdrückenden Prädikate interessiert war, wurde ihm klar, daß man hier in einen Zirkel oder unendlichen Regreß hineingerät, so daß das, was die Physiker sagen, prima facie *unverständlich* wirkt. Nicht jeder Wissenschaftsphilosoph ist ein ausgebildeter Physiker; und selbst die, welche es sind, verspüren meist keine große Neigung, dem Präzisionsideal zu huldigen, das SUPPES als Bedingung stellen muß, um seine Methode anwenden zu können.

Die eben angedeutete Schwierigkeit hängt allerdings mit einem großen Nachteil zusammen, der dem Sneedschen Kriterium ursprünglich anhaftete. Dieses Kriterium mußte stets auf der vorexplikativen, präsystematischen Stufe angewendet werden. Um z.B. die Menge M_{pp} der Redukte von M_p in den Kern einer Theorie einzuführen oder um die Anwendungsvoraussetzung $I \subseteq M_{pp}$ einer Theorie – statt der ursprünglich erwarteten Fassung: $I \subseteq M_p$ – überhaupt formulieren zu können, muß unterstellt werden, daß die Grenze zwischen dem Theoretischen und dem Nichttheoretischen *korrekt* vollzogen worden ist. Bei unrichtiger Grenzziehung läge man mit der Menge der partiellen Modelle in beiden Fällen schief.

Deshalb haben wir uns darum bemüht, die Situation, zu der SNEEDS Kriterium führt, am Beispiel einer Miniaturtheorie, wenn auch nur unter der dortigen künstlichen Zusatzannahme (α), klarzumachen, da man dort die Sache leichter durchschaut als bei einer umfassenden modernen Theorie.

Nun besteht der Nachteil von SNEEDS Kriterium aber *nicht nur* darin, daß seine Anwendung auf spezielle Theorien in der Regel ein enormes Fachwissen voraussetzt, über welches Wissenschaftsphilosophen häufig nicht verfügen. Er besteht *außerdem* darin, daß selbst das beste Fachwissen nicht ausreicht, um die korrekte Anwendung dieses Kriteriums zu *garantieren*, da man von dem, was man über die fragliche Theorie (im präsystematischen Sinn des Wortes) tatsächlich weiß, zu *hypothetischen Verallgemeinerungen* fortschreiten muß. Genaugenommen sind es *zwei Allhypothesen*, die man beide als gültig zu unterstellen hat.

Wir wollen uns dies kurz am Beispiel von *KPM* (Klassische Partikel-mechanik) klar machen. Wenn man sich auf vorexplikativer Stufe auf diese Theorie bezieht, so kann man nicht einer bestimmten Darstellung als *der* Exposition dieser Theorie den Vorzug geben. Man muß sich auf *alle* Darstellungen oder Expositionen dieser Theorie beziehen. Weiterhin darf man sich, wenn man etwas Allgemeines über die Messung der in dieser Theorie vorkommenden Größen aussagt, nicht auf die einem zufälligerweise gerade bekannten Meßverfahren beziehen, sondern muß *alle* diese Verfahren einbeziehen. Es ist klar, daß dadurch eine stark hypothetische Komponente Eingang findet in die Behauptung, daß bestimmte Größen dem Sneedschen Kriterium für *KPM*-Theoretizität genügen. Denn zu behaupten, daß m (*Masse*) und f (*Kraft*), zum Unterschied von der Ortsfunktion, *KPM*-theoretisch sind, beinhaltet nicht weniger als die These, daß *sämtliche* Verfahren der Messung dieser beiden Größen bezüglich *aller* Darstellungen dieser Theorie zu dem Ergebnis führen, daß sie eben diese Theorie als gültig voraussetzen.

Wer eine solche These verficht, ist den folgenden beiden, in Frageform vorgebrachten potentiellen Einwendungen ausgesetzt:

(I)   Kennst Du denn alle Expositionen von *KPM*? (Vielleicht gibt es darunter auch solche, die nur mündlich vorgetragen und niemals veröffentlicht worden sind).

(II) Bist Du wirklich mit allen Meßverfahren der genannten Größen vertraut?

Die Notwendigkeit, bei der Anwendung des Kriteriums von SNEED eine *zweifache intuitive Allquantifikation* vornehmen zu müssen, stellt klar, daß das Resultat dieser Anwendung keine sichere Erkenntnis, sondern bloß eine hypothetische Vermutung liefert. Das ist ohne Zweifel eine unbefriedigende Konsequenz dieses Kriteriums. Der Opponent wird sagen: Wenn schon die Aussage, daß in einer Theorie *T* eine bestimmte Größe *T*-theoretisch ist, nicht auf einem Beschluß darüber beruhen soll, wo die Grenze zwischen dem Theoretischen und dem Nichttheoretischen zu ziehen ist, wie in der empiristischen Tradition, sondern eine *Behauptung* darstellen soll, so würde man doch erwarten, daß der Wissenschaftsphilosoph für eine derartige, von ihm aufgestellte Behauptung auch eine *Begründung* liefern kann, die definitiv ist und nicht eine bloße Hypothese beinhaltet.

Dieses Desiderat, Aussagen über die Theoretizität von Größen oder von Termen streng begründbar zu machen, beruht allerdings auf der Voraussetzung, daß das präsystematische Kriterium in ein *innersystematisch anwendbares, rein formales Kriterium* transformiert werden kann. Dazu muß vor allem der Begriffsapparat verallgemeinert werden, da dann die theoretisch – nichttheoretisch – Dichotomie selbstverständlich nicht schon in diesen begrifflichen Apparat Eingang finden kann.

Sowohl die allgemeine Schilderung dieses Transformationsverfahrens als auch die konkrete Durchführung für den Fall der Theorie *KPM*, einschließlich des Nachweises, daß *Masse* und *Kraft KPM*-theoretisch sind, ist U. GÄHDE in seiner Arbeit [*T*-Theoretizität] geglückt. Die nun schon fast ein halbes Jahrhundert andauernde Diskussion über die Natur theoretischer Terme dürfte damit zu einem relativen Abschluß gelangt sein. (Für die Details vgl. Kap. 6.)

Wie wir sehen werden, wird in diesem innersystematischen Kriterium das „alle" der Sneed-Intuition zu einem „es gibt" abgeschwächt. Für den Theoretizitätsnachweis genügt die Annahme, daß es Meßmodelle der fraglichen Größe gibt, die außerdem Modelle sind.

Aber nicht dies war der Grund, warum wir soeben GÄHDES Methode und Resultat nur als *relativen* Abschluß der Diskussion bezeichneten. Im Verlauf der Überlegungen, die zu einer innersystematischen Präzisierung des Theoretizitätskriteriums führen, ist man mit zusätzlichen Fragen konfrontiert, bei denen es nicht von vornherein sicher ist, daß sie auf allgemeiner wissenschaftstheoretischer Ebene eindeutig beantwortbar sind. Die Ersetzung der Sneed-Intuition durch ein formales Kriterium liefert zunächst nur einen Rahmen für deren genaue Diskussion. Zwei solche Fragen sind die folgenden: (I) Genügt es, worauf SNEEDS Formulierungen hinweisen, für die Entscheidung über *T*-Theoretizität auf das Fundamentalgesetz Bezug zu nehmen? Oder ist es nicht erforderlich, darüber hinaus im Fundamentalgesetz nicht enthaltene *Spezialgesetze* hinzuzuziehen? (Derartige Spezialgesetze werden erst im übernächsten Abschnitt zur Sprache kommen.) (II) Ist es überhaupt korrekt, wie wir dies bisher mehr oder weniger naiv voraussetzten, das Problem als Frage nach der *T*-Theoretizität isolierter Terme zu formulieren? Oder ist es angemessener, das Problem als Frage nach der *korrekten Dichotomie* zu stellen, gemäß welcher die Gesamtheit aller in einer Theorie vorkommenden Terme in die theoretischen und nicht-theoretischen unterteilt werden. Für den Spezialfall *KPM* hat GÄHDE in überzeugender Weise dargelegt, daß in bezug auf beide Fragen jeweils die zweite Alternative zu wählen ist. Im letzten Abschnitt von Kap. 6 werden wir Betrachtungen darüber anstellen, ob es plausible Annahmen oder sogar zwingende dafür gibt, auch in anderen Fällen analog zu verfahren wie bei *KPM*.

Schlußanmerkung zum Begriff der T-Theoretizität. Das Problem der theoretischen Terme wurde in diesem Abschnitt nicht nur ausführlich behandelt, sondern darüber hinaus mit Absicht ‚dramatisiert‘, um diesen relativ schwierigen Punkt möglichst deutlich vor Augen zu führen.

Es wäre jedoch gänzlich verfehlt, daraus den Schluß zu ziehen, daß der strukturalistische Ansatz mit diesem Problem steht und fällt. Wer nicht bereit ist, das Problem der theoretischen Terme zu akzeptieren, braucht deshalb diesen Ansatz nicht zu verwerfen. Es gibt eine Reihe von *anderen* guten Gründen, die für seine Annahme sprechen. Dazu gehört neben den übrigen in diesem Kapitel erörterten Gesichtspunkten vor allem die Tatsache, daß sich der Ansatz bei der Rekonstruktion echter Beispiele aus den Einzelwissenschaften, im Gegensatz zu den bisher bekannten Alternativen, als erfolgreich erwiesen hat.

Wer das genannte Problem preisgibt, kann außerdem auch weiterhin die empirischen Behauptungen von Theorie-Elementen und Theoriennetzen als modifizierte Ramsey-Sätze konstruieren. Er kann nur nicht mehr behaupten, zu dieser Art von Konstruktion gezwungen zu sein.

Aber selbst bezüglich des Begriffs der Theoretizität als solchen sollte ein Skeptiker das Problem der theoretischen Terme von der neuen Sichtweise dieser Terme abkoppeln. Denn diese neue Sichtweise bildet in jedem Fall – also auch dann, wenn sie nicht ein neues Problem erzeugt – eine interessante Alternative zu den bisherigen Vorstellungen von Theoretizität, da hier erstmals auf die *spezifische Rolle* dieser Terme in der sie enthaltenden Theorie abgehoben wird. Diese Rolle wird schlagwortartig durch den Begriff der *theoriegeleiteten Messung* erfaßt. In dem allein dem Theoretizitätsproblem gewidmeten Kapitel 6 soll dieser Gesichtspunkt ganz in den Vordergrund treten. Auf das Problem der theoretischen Terme werden wir dagegen dort nicht mehr explizit zurückkommen.

1.4 Querverbindungen (Constraints)

1.4.1 Natur und Leistungen von Querverbindungen.
Wir wenden uns jetzt einer vierten Neuerung zu, der wesentlichen Benützung von Querverbindungen oder Constraints.[3] Hier müßte man eigentlich von einer begrifflichen Neuschöpfung sprechen, die in der herkömmlichen Wissenschaftsphilosophie über-

haupt keine Entsprechung besitzt. Erstmals liegt auch keine völlige Unabhängigkeit von allen übrigen neuen Aspekten vor, die wir bereits behandelt haben.
Genauer: Der Begriff der Querverbindung ist zwar unabhängig sowohl von der
Methode der Axiomatisierung durch mengentheoretische Prädikate als auch
vom neuen Theoretizitätskonzept. Doch macht er wesentlichen Gebrauch
davon, daß eine Theorie mehrere Anwendungen hat, die sich teilweise über-
lappen.

Um es bereits jetzt anzukündigen: Den Querverbindungen ist es zuzuschreiben, daß das, 'was eine Theorie zu sagen hat', nicht in zahlreiche oder sogar
zahllose Aussagen der Gestalt (III) von 1.3.3 zerfällt, die sich erst nachträglich in
der einen Aussage (i) summarisch zusammenfassen lassen, sondern daß man von
der empirischen Behauptung einer Theorie sprechen kann, die eine einzige und
unzerlegbare Aussage bildet.

Wenn man versucht, den Inhalt dessen, was wir „Querverbindung" nennen
werden, umgangssprachlich wiederzugeben, so gelangt man zu sehr elementaren
Aussagen, etwa von der Gestalt: „die Masse ist eine konservative Größe" oder:
„die Masse ist eine extensive Größe". Bedenkt man, daß der bestimmte Artikel
hier analog verwendet wird wie in der Aussage „der Wal ist ein Säugetier", also
zur Formulierung eines versteckten Allsatzes, so liegt der weitere Gedanke nahe,
Äußerungen wie die genannten für Formulierungen spezieller Naturgesetze, und
zwar sogar recht einfacher Naturgesetze, anzusehen.

Sobald man auch hier versucht, auf die in den vorangehenden Abschnitten
geschilderte mengentheoretische Behandlung zurückzugreifen, tritt klar zutage,
daß es sich um etwas anderes handeln muß. Das Fundamentalgesetz einer
Theorie hatten wir durch die Menge M repräsentiert. Diese Menge wurde als eine
Teilmenge von M_p eingeführt. Auch bei den Spezialgesetzen wird es sich um
derartige Teilmengen von M_p handeln. Jedes Gesetz M, so könnte man daher
sagen, schließt gewisse potentielle Modelle aus, nämlich genau die Elemente der
Differenzmenge $M_p \setminus M$. Eine Querverbindung hingegen schließt nicht eine
Teilmenge aus M_p aus, sondern eine *Klasse von* solchen Teilmengen; sie verbietet
also zum Unterschied von Gesetzen nicht bestimmte Elemente aus M_p, sondern
gewisse Kombinationen von Elementen aus M_p. Man könnte daher auch sagen,
daß es sich bei den Querverbindungen um 'Gesetze höherer Allgemeinheitsstufe'
handle, was seinen Niederschlag eben darin finde, daß das, was sie verbieten, um
eine mengentheoretische Stufe höher liegt als das, was durch gewöhnliche
Gesetze ausgeschlossen wird.

---

3   Die von mir in II/2 verwendete deutsche Übersetzung „Nebenbedingungen" für „Constraint"
    scheint sich nicht einzubürgern, vermutlich wegen der Vorbelastung dieses Ausdrucks mit
    andersartigen Assoziationen. Dagegen wird, soweit man nicht das englische Wort beibehält, der
    von mir dort nur metaphorisch verwendete Ausdruck „Querverbindung" häufiger benutzt. Von
    nun an soll auch hier dieser Ausdruck neben dem englischen „Constraint" verwendet werden,
    zumal er anschaulich ist und den Sachverhalt zutreffend beschreibt.

Um uns klarzumachen, was für eine spezifische inhaltliche Leistung die Querverbindungen erbringen, arbeiten wir wieder mit unserem Miniaturbeispiel. Dazu eine kurze Vorerläuterung, um anzudeuten, worauf es ankommt: Eine Balkenwaage mit Gegenständen auf den beiden Waagschalen befinde sich im Gleichgewicht. Das Problem der theoretischen Terme beschäftigt uns gegenwärtig nicht. Für unseren Zweck können wir daher annehmen, daß es sich um eine korrekte Anwendung der archimedischen Statik handelt. Die Gegenstände auf der einen Waagschale seien ein großer und ein kleiner Apfel; die Gegenstände auf der anderen eine große sowie eine kleine Birne. Nun entfernen wir sowohl den kleinen Apfel als auch die kleine Birne. Wir beobachten, daß die Schale, in der sich jetzt nur mehr der große Apfel befindet, nach unten sinkt, während sich die Schale mit der großen Birne nach oben bewegt. Wir werden daraus nicht nur ablesen, daß der große Apfel schwerer ist als die große Birne, sondern darüber hinaus den Schluß ziehen, daß die kleine Birne schwerer ist als der kleine Apfel. Dieser Schluß erscheint uns als zwingend. Denn wie anders sollte man denn das Gleichgewicht im ersten Fall mit dem eben beschriebenen Ungleichgewicht in Einklang bringen? Der Schluß ist auch zutreffend, sofern man eine dabei benutzte Prämisse als richtig voraussetzt, nämlich daß das Gewicht des großen Apfels und ebenso das der großen Birne in der zweiten Anwendung *dasselbe* ist wie in der ersten. Weder die Logik noch das, was wir bisher über die Theorie *AS* wissen, zwingt uns, diese Prämisse anzunehmen. Es ist der Inhalt dieser zusätzlichen Prämisse, den der Physiker dadurch ausdrückt, daß er sagt, die Gewichtsfunktion sei eine konservative Größe.

Das Beispiel war deshalb bloß eine Vorerläuterung, weil die zweite Anwendung keinen Beispielsfall für die archimedische Statik bildete; die Waage befand sich ja nicht im Gleichgewicht. Um wirklich verschiedene Anwendungen unserer Theorie *AS* zu erhalten, betrachten wir wieder die Wippschaukel und drei Fälle von miteinander schaukelnden Kindern, wobei sich jedesmal zum Zeitpunkt der Betrachtung die Schaukel im Gleichgewicht befinde. (Mit diesem Beispiel verfolgen wir den psychologischen Nebenzweck, mögliche Fehldeutungen des Begriffs „intendierte Anwendung" auszuschließen.)

In allen drei individuellen Anwendungen haben wir es also mit derselben Schaukel (bestehend aus demselben Schaukelbrett und demselben Drehpunkt) zu tun sowie mit drei Kindern a, b und c. In der ersten Anwendung befinden sich die beiden Kinder a und b miteinander im Gleichgewicht; in der zweiten Anwendung die Kinder a und c; und in der dritten Anwendung die Kinder b und c. Die Abstandsfunktionen in den drei Anwendungen seien d_1, d_2 und d_3 und die entsprechenden Gewichtsfunktionen g_1, g_2 und g_3. Da wir im gegenwärtigen Zusammenhang vom Problem der theoretischen Terme abstrahieren, sollen uns diese Gewichte keine Skrupel bereiten. Für unser Beispiel nehmen wir außerdem an, daß alle d-Werte größer als 0 sind. Die beiden Größen seien als einstellige Funktionen konstruiert, so daß z.B. „$d_2(x)$" den (auf beiden Seiten positiv gemessenen) Abstand des Objektes x vom Drehpunkt in der zweiten Anwendung bezeichnet, „$g_3(y)$" das Gewicht des Objektes y in der dritten Anwendung etc., schematisch also:

1. Anwendung: a, b; d_1, g_1
2. Anwendung: a, c; d_2, g_2
3. Anwendung: b, c; d_3, g_3.

Bei allen drei Fällen handle es sich um wirkliche Anwendungen der Theorie *AS*. Es gilt also stets die goldene Regel der Statik und wir erhalten die drei Gleichungen:

(1) $d_1(a) \cdot g_1(a) = d_1(b) \cdot g_1(b)$
(2) $d_2(a) \cdot g_2(a) = d_2(c) \cdot g_2(c)$
(3) $d_3(b) \cdot g_3(b) = d_3(c) \cdot g_3(c)$.

Eine Zwischenbemerkung zum Begriff der *intendierten Anwendung*: Die drei oben numerierten Anwendungsfälle dürfen nicht etwa als Kurzbezeichnungen der drei intendierten Anwendungen angesehen werden. Denn oben sind ja auch die Gewichte angeführt, also Werte einer *AS*-theoretischen Größe. Umgekehrt darf man aber auch nicht in das andere Extrem verfallen und eine intendierte Anwendung mit dem fraglichen Individuenbereich verwechseln. Vielmehr besteht eine intendierte Anwendung, intuitiv gesprochen, aus den Gegenständen, *zusammen mit deren Beschreibung in der Sprache der nicht-theoretischen Größen*. Die erste intendierte Anwendung, etwa I_1 genannt, ist somit erst festgelegt, wenn außer den beiden darin vorkommenden Objekten, den Kindern a und b, auch die entsprechenden d_1-Werte, also die Abstände dieser beiden Kinder vom Drehpunkt, angegeben sind. Analoges gilt für die zweite und dritte Anwendung I_2 und I_3. Dies steht mit der in 1.3.3 aufgestellten Forderung im Einklang, daß stets $I \subseteq M_{pp}$ gelten muß; denn M_{pp} ist im vorliegenden Fall genau die Extension des Prädikates „AS_{pp}" von 1.3.3. (Der Leser schreibe als elementare Übungsaufgabe die drei gegenwärtigen intendierten Anwendungen I_1, I_2 und I_3 in der dortigen Sprechweise an.) Aussagen von der Art, daß sich die Kinder auf der Schaukel in einem Gleichgewichtszustand befinden, sind hingegen natürlich *kein* Bestandteil dieser intendierten Anwendungen. Denn solche Aussagen können erst mit Hilfe der Bestimmung (5) von *AS* aus 1.1.2 formuliert werden; und diese Bestimmung ist nicht einmal in den Begriff des *möglichen* Modells aufgenommen worden. Intendierte Anwendungen aber sind als partielle Modelle bloße Redukte von möglichen Modellen.

Nach diesen Vorbereitungen machen wir die zusätzliche Annahme, daß das Gewicht eine *konservative Größe* sei. Dies besagt, daß das Kind a in der ersten und zweiten Anwendung dasselbe Gewicht hat; ebenso das Kind b dasselbe Gewicht in I_1 und I_3 sowie das Kind c dasselbe Gewicht in I_2 und I_3. Dies können wir in den folgenden drei Gleichungen festhalten:

(α)　$g_1(a) = g_2(a)$
(β)　$g_1(b) = g_3(b)$
(γ)　$g_2(c) = g_3(c)$.

Für den Abstandsquotienten $d_3(b)/d_3(c)$ ergibt sich nach (3) der Wert $g_3(c)/g_3(b)$, was wegen (β) und (γ) derselbe Wert ist wie $g_2(c)/g_1(b)$. Wenn wir nun die beiden Werte $g_1(b)$ und $g_2(c)$ nach (1) und (2) ausrechnen und in diese Gleichung einsetzen, so erhalten wir nach Kürzung das Resultat:

$$(\delta) \quad \frac{d_3(b)}{d_3(c)} = \frac{d_1(b) \cdot d_2(a)}{d_1(a) \cdot d_2(c)}.$$

Angenommen, wir haben zunächst sämtliche Abstände in den ersten beiden Anwendungen gemessen. Dann sind uns sämtliche d_1- und d_2-Werte bekannt und wir können die rechte Seite von (δ) ausrechnen. Machen wir nun die zusätzliche Annahme, daß in der dritten Anwendung auch noch der Wert $d_3(c)$, also der Abstand des Kindes c vom Drehpunkt, *aber auch nur dieser*, gemessen wird, so können wir $d_3(c)$ auf die rechte Seite bringen und haben den links verbleibenden Wert $d_3(b)$ rein rechnerisch ermittelt.

Was bedeutet dies? Nichts geringeres als daß wir den Abstand $d_3(b)$ des Kindes b vom Drehpunkt in der dritten Anwendung *korrekt vorausgesagt* haben. Eine solche Voraussage wäre ausgeschlossen gewesen, wenn wir nur Aussagen von der Gestalt (III) aus 1.3.3 zur Verfügung gehabt hätten. Denn jede derartige Aussage bezieht sich auf *genau eine* intendierte Anwendung und *diese Anwendungen stehen beziehungslos nebeneinander*. Erst die oben angenommene, sehr einfache Querverbindung macht diesen Voraussageschluß möglich.

Bemerkenswert ist dabei, daß diese Prognose zwar den Wert einer *nicht-theoretischen* Größe betrifft, daß sie aber nicht dadurch ermöglicht worden ist, daß wir den nicht-theoretischen Größen d_i irgend welche einschränkenden Bedingungen auferlegten. Vielmehr ist diese Prognose auf nicht-theoretischer Ebene durch die den *theoretischen* Gewichtsfunktionen auferlegte Querverbindung, und durch diese allein, möglich geworden.

Diese Leistung kann man anschaulich im folgenden Bild zusammenfassen: Angesichts der Tatsache, daß eine Theorie verschiedene intendierte Anwendungen besitzt, schienen ein und derselben Theorie ebenso viele empirische Behauptungen zugeordnet zu sein wie es Anwendungen gibt, nämlich jeder einzelnen Anwendung eine Aussage von der Gestalt (III) aus 1.3.3. Dies ändert sich jedoch schlagartig, sobald man die Querverbindungen oder Constraints berücksichtigt. Diese stellen im buchstäblichen Sinn des Wortes mehr oder weniger starke *Querverbindungen zwischen* den verschiedenen Anwendungen her. Dementsprechend splittert sich das, was die Theorie zu sagen hat, nicht mehr in zahlreiche Einzelbehauptungen auf, sondern ist *durch eine einzige, unzerlegbare Behauptung* wiederzugeben.

Wie diese *eine* Aussage aussieht, wollen wir uns später klarmachen, nachdem wir unser erstes approximatives Bild von der Struktur einer Theorie entsprechend ergänzt haben. Wir werden uns dabei nicht mehr überlegen, wie wir die Aussage (III) zu modifizieren haben, sondern uns direkt der modelltheoretischen Betrachtungsweise bedienen.

(In II/2 ist dagegen ab S. 80 zunächst die in der obigen Aussage (III) benützte quasi-linguistische Sprechweise verwendet worden, wobei alle späteren Ergänzungen, einschließlich der Querverbindungen und Spezialgesetze, mitberücksichtigt wurden. Das Schlußstück bildete die allgemeinste Form des Ramsey-Sneed-Satzes (VI) auf S. 102.

Da dieses Vorgehen recht mühsam ist, wenn man alles hinreichend präzisiert, verzichten wir sowohl hier als auch in den restlichen Teilen dieses Buches auf seine Wiedergabe. Diejenigen Leser, die sich über die wesentlichen Schritte dieses quasi-linguistischen Vorgehens, das stets mengentheoretische Prädikate benützt, informieren wollen, finden die einschlägigen Bestimmungen, zusammen mit Erläuterungen, in II/2 auf S. 80–102.)

Damit die Tragweite der vorangehenden Überlegungen nicht unterschätzt wird, sei ausdrücklich darauf hingewiesen, daß wir für unsere Erläuterung überhaupt nur von *einer einzigen* Querverbindung Gebrauch machten und überdies noch von der *allereinfachsten*, die überhaupt denkbar ist, nämlich der Forderung der Konservativität einer theoretischen Funktion. (Diese Forderung wurde in II/2 aus Gründen der Anschaulichkeit der $\langle \approx, = \rangle$-Constraint genannt; dabei bezeichnet das erste Symbol die Gleichheit zwischen Objekten und das zweite Symbol die Gleichheit zwischen Zahlen.) In den meisten Fällen treten weitere Querverbindungen hinzu. Eine sowohl in *KPM* als auch in *AS* geltende ist die Extensivität der Massenfunktion in *KPM* bzw. der Gewichtsfunktion in *AS*.

Wir beschließen diesen Abschnitt mit einer Bemerkung über die Aufgabe theoretischer Größen. Es ist immer wieder behauptet worden, daß theoretische Größen u.a. die Aufgabe haben, die prognostische Leistungsfähigkeit einer Theorie zu vergrößern. Die zugunsten dieser These vorgebrachten Begründungen waren jedoch niemals strenge Beweise, sondern bloße Plausibilitätsbetrachtungen. Wir haben dagegen mit Hilfe unserer Miniaturtheorie einen relativ einfachen Beweis für diese These von der prognostischen Leistungsfähigkeit theoretischer Terme erbracht. Allerdings haben wir uns dabei *nicht nur* auf die theoretischen Terme, sondern *außerdem* auch auf die Querverbindungen gestützt. Für den Nachweis kommt es also ganz wesentlich auf ein Zusammenspiel dieser beiden Arten von Entitäten an. Damit können wir genauer sagen, wie die zu Beginn von 1.4.1 aufgestellte Behauptung über die *Unabhängigkeit* dieser beiden Begriffe zu verstehen bzw. zu relativieren ist. Gemeint war: Der Begriff der Querverbindung kann eingeführt und seine Einführung motiviert werden, ohne daß dabei auf den Begriff der *T*-Theoretizität zurückgegriffen wird. Und umgekehrt läßt sich der Begriff der *T*-Theoretizität einführen und motivieren, ohne vom Begriff der Querverbindung Gebrauch zu machen. Sobald man jedoch auf die *epistemologische Rolle* von Querverbindungen und Theoretizität zu sprechen kommt, erweisen sich diese beiden Begriffe als eng miteinander verkettet.

1.4.2 Vorläufige Explikation von „Theorie" und „empirische Behauptung einer Theorie". Die einzige wesentliche Ergänzung, die wir an dem in 1.3.4 eingeführten Theorienbegriff vornehmen mußten, ist die Hinzufügung von Querverbindungen. Die mengentheoretische Charakterisierung dieser Entitäten vorausgesetzt, können wir, wenn uns auf präsystematischer Stufe mehrere Querverbindungen vorgegeben sind, einfach ihren Durchschnitt bilden, das Symbol „Q" dafür verwenden sowie von der Pluralsprechweise zur Singularsprechweise übergehen und von *der* Querverbindung Q reden.

Wie aber ist Q mengentheoretisch zu charakterisieren? Dafür müssen wir uns wieder auf die makrologische Denkebene begeben. Und zwar gehen wir intuitiv so vor, daß wir fragen, was durch Q ausgeschlossen werden soll. Sicherlich nicht einzelne Modelle. Um solche zu verbieten, genügt die Aufstellung von Gesetzen. Also *Kombinationen von* Modellen? Dies trifft die Sache schon eher. Doch ist es nicht nötig, erst bei den Modellen anzusetzen. Querverbindungen können bereits früher, nämlich bei Mengen von *möglichen* Modellen eingreifen. Die Natur des Fundamentalgesetzes einer Theorie ist nämlich für Querverbindungen ohne Belang. Um behaupten zu können, daß die Masse eine konservative Größe oder daß sie eine extensive Größe ist, braucht man nicht auf das zweite Axiom von NEWTON zurückzugreifen. Der Sinn dieser Äußerungen bliebe genau derselbe, wenn dieses Axiom einen ganz anderen Inhalt hätte. Es genügt somit, daß die Querverbindung Kombinationen von möglichen Modellen oder, extensional gesprochen, Mengen von solchen ausschließt. Dies scheint eine recht abstrakte Charakterisierung zu sein. Aber sie trifft eine Intention wie die, welche wir z.B. innerhalb unserer Miniaturtheorie AS mit der Konservativität der Gewichtsfunktion verknüpften. Danach sollen z.B. Mengen von möglichen Modellen AS ausgeschlossen werden, so daß in *einem* derartigen potentiellen Modell das Kind a das Gewicht $g_1(a)$ hat, in einem *anderen* hingegen *das davon verschiedene* Gewicht $g_2(a)$. Solches also soll verboten werden.

Die allgemeine Struktur von Q kann somit in der Weise angegeben werden, daß Q eine Teilmenge der Potenzmenge von M_p ist: $Q \subseteq Pot(M_p)$. Um gewisse drohende Absurditäten auszuschließen, fordern wir ferner, daß die leere Menge kein Element von Q sein soll: $\emptyset \notin Q$. Um schließlich zu garantieren, daß Q tatsächlich nur *Kombinationen von* möglichen Modellen ausschließt und nicht einzelne mögliche Modelle, fordern wir, daß die Einermenge jedes Modells in Q enthalten ist: Für alle $x \in M_p$ soll $\{x\} \in Q$ gelten. Ohne diese Zusatzbestimmung würden wir Gefahr laufen, daß die Grenze zwischen Querverbindungen und Gesetzen verschwimmt; denn der Ausschluß isoliert betrachteter möglicher Modelle ist gerade die Aufgabe von Gesetzen. Wenn alle diese eben genannten Bedingungen erfüllt sind, sagen wir, daß Q eine *Querverbindung für M_p* sei.

Zum Unterschied von früher identifizieren wir jetzt den Kern K einer Theorie nicht mit einem Tripel, sondern mit einem Quadrupel: $K = \langle M_p, M, M_{pp}, Q \rangle$. Dabei seien die ersten drei Glieder charakterisiert wie in 1.3.4 und Q sei eine Querverbindung für M_p. Die Menge I der intendierten Anwendungen übernehmen wir von früher, so daß wir als verbesserte Approximation für den Begriff der Theorie zwar wieder das Paar $T = \langle K, I \rangle$ erhalten, K aber dabei das eben eingeführte Quadrupel ist. Dabei gilt natürlich auch jetzt wieder die Zusatzbedingung über die Beziehung von I und M_{pp} aus 1.3.4, nämlich entweder $I \subseteq M_{pp}$ oder $I \subseteq Pot(M_{pp})$, je nach dem, ob man individuelle Anwendungen zum Ausgangspunkt nimmt oder diese Anwendungen artmäßig zusammenfaßt.

Wie sieht nun die empirische Behauptung dieser Theorie T aus? Worauf es uns jetzt ankommt, ist die Ersetzung der Aussage (i) von 1.3.4 durch eine kompliziertere Behauptung, die auch die Querverbindungen berücksichtigt (und die daher, wie wir sehen werden, eine einzige, unzerlegbare Aussage bildet, ganz im Gegensatz zu (i), die wir ja als bloße summarische Zusammenfassung so vieler Einzelaussagen ansehen konnten, als es intendierte Anwendungen gibt).

Wir knüpfen dazu an die Abbildung in Fig. 1–3 von 1.3.4 an, also an die Vorstellung von den beiden Ebenen, wobei wieder die nicht-theoretische Ebene unten und die theoretische Ebene oben eingetragen sei. In einem ersten Schritt erhöhen wir die in diesem Bild veranschaulichten Entitäten um eine mengentheoretische Stufe. (Der Grund für diese Maßnahme wird sofort einleuchten.) Im zweiten Schritt tragen wir auf der oberen, theoretischen Ebene noch die Querverbindungen ein. Wir gelangen dadurch zu dem Bildschema von Fig. 2-1 in Kap. 2. Wir erläutern das weitere Vorgehen anhand dieses Schemas. Was dieses Bild veranschaulicht, könnte man als *das Kleine Einmaleins des Strukturalismus* bezeichnen.

Zunächst zur Erhöhung der mengentheoretischen Stufe. Nur dadurch wird es uns möglich, auf der oberen Ebene einen *Durchschnitt* mit der Menge Q zu bilden: Q enthält ja, wie wir feststellten, als Elemente nicht einzelne mögliche Modelle, sondern ganze Mengen von solchen. Also müssen wir von M_p zur Klasse $Pot(M_p)$ übergehen, die ebenfalls *Mengen von* möglichen Modellen als Elemente enthält, um die Operation des Durchschnittes überhaupt anwenden zu können. Die schräge, gestrichelte Fläche bildet diesen Durchschnitt. Um sie richtig zu interpretieren, muß man sich vor Augen halten, daß einzelne Punkte innerhalb des äußersten Kreises auf der oberen Fläche nun nicht mehr, wie in Fig. 1-3, potentielle Modelle repräsentieren, sondern Mengen von potentiellen Modellen. Die Eigenschaften derjenigen unter diesen Mengen, die zur gestrichelten Fläche gehören, können wir sofort angeben: Es sind genau diejenigen Mengen potentieller Modelle, die einerseits Elemente von $Pot(M)$ und andererseits Elemente von Q bilden. Das erste besagt nichts anderes, als daß die Elemente dieser Mengen ausnahmslos Modelle sind, also das Fundamentalgesetz der Theorie erfüllen (denn die Elemente von solchen Mengen, welche Elemente von $Pot(M)$ bilden, sind Elemente von M). Das zweite besagt, daß die zu einer solchen Menge gehörenden möglichen Modelle die Querverbindung Q erfüllen. (Daß eine Größe bzw. ein mögliches Modell, in der diese Größe als Glied vorkommt, Q erfüllt, besagt ja in unserer extensionalen mengentheoretischen Sprechweise nichts anderes als daß dieses mögliche Modell zu einer Menge gehört, welche Element von Q ist.)

Um es nochmals zusammenzufassen: Betrachten wir die obere gestrichelte Fläche. Sie enthält als Punkte Mengen möglicher Modelle. Von der Totalität aller dieser möglichen Modelle läßt sich sagen, daß sie erstens außerdem echte Modelle sind (denn die Menge, zu der ein solches mögliches Modell gehört, ist Element von $Pot(M)$) und daß sie zweitens alle Querverbindungen aus Q erfüllen (denn eine Menge von der eben erwähnten Art ist auch Element von Q).

Um nun eine Verbindung mit der nicht-theoretischen unteren Ebene herstellen zu können, müssen wir zunächst auch hier die Potenzmengenoperation anwenden, so daß der äußerste untere Kreis jetzt nicht mehr Elemente aus M_{pp} als Punkte enthält, wie in Fig. 1-3, sondern *Mengen von* partiellen Modellen. Damit auch die übrigen Teile des Bildes unten stimmen, gehen wir diesmal, im Gegensatz zum Vorgehen bei (i), bei der Wiedergabe der Voraussetzung über das Verhältnis von I und M_{pp} nicht von der ersten Alternative $I \subseteq M_{pp}$ aus, sondern von der zweiten Alternative $I \subseteq Pot(M_{pp})$. Die Elemente unseres I seien also nicht die individuellen intendierten Anwendungen, sondern die früher beschriebenen artmäßigen Zusammenfassungen von solchen.

Jetzt gehen wir daran, die oben eingezeichneten Flächen nach unten zu projizieren. Dazu benutzen wir wieder, ähnlich wie in (i) von 1.3.4, die Restriktionsfunktion r. Wegen der Erhöhung der mengentheoretischen Stufe müssen wir sie diesmal nicht auf der Stufe 1, sondern auf der Stufe 2 anwenden, d.h. wir müssen mit der Funktion r^2 arbeiten. Dasjenige, worauf diese Funktion anzuwenden ist, haben wir eben genau beschrieben, nämlich als die Menge $Pot(M) \cap Q$. Wir führen zwei Bezeichnungen für das Resultat der Anwendung dieser Operation ein, nämlich die provisorische Bezeichnung „*Ram*" und die endgültige Bezeichnung „$\mathbb{A}$". Um deutlich zu machen, daß die beiden Mengen M und Q Glieder des Kernes K unserer Theorie T sind, wählen wir K als Argument dieser einstelligen Funktion. Wir definieren also:

$$Ram(K) = \mathbb{A}(K) := r^2(Pot(M) \cap Q).$$

Wenn wir das Ergebnis dieser Operation im Bild betrachten, so erhalten wir den ersten Kreis innerhalb von $Pot(M_{pp})$; die gestrichelte Linie, welche von der den Durchschnitt $Pot(M) \cap Q$ repräsentierenden Fläche nach unten führt, soll gerade anzeigen, daß wir bei Anwendung der Operation *Ram* genau *diesen* unteren Kreis erhalten.

Unsere Annahme, daß die vorliegende Theorie T eine *gute* Theorie ist, findet ihren Niederschlag darin, daß der I symbolisierende Kreis ganz innerhalb von $Ram(K) = \mathbb{A}(K)$ liegt. Dementsprechend liegt das Ram^{-1}-Urbild von I auf der oberen Ebene zur Gänze innerhalb des Durchschnittes $Pot(M) \cap Q$.

Jetzt schreiben wir die globale empirische Aussage, die unserem Theorie-Element $T = \langle K, I \rangle$ entspricht, an und formulieren sofort anschließend anhand unseres Bildes ihren Inhalt. Die Aussage lautet:

(ii) $I \subseteq Ram(K)$.

Zur Interpretation von (ii) greifen wir auf das Bild zurück, nehmen aber den umgekehrten Weg gegenüber dem, welchen wir eingeschlagen haben, um zu (ii) zu gelangen, d.h. wir steigen im Bild nicht von oben nach unten, sondern umgekehrt von unten nach oben. Und zwar nehmen wir unseren Ausgangspunkt bei I. Danach besagt (ii) folgendes:

Die Menge der intendierten Anwendungsarten, welche die Menge I_0 der paradigmatischen Anwendungsarten als Teilmenge enthält, kann durch Hinzufügung von T-theoretischen Funktionen zu ihren Elementen auf solche Weise zu einer

Klasse von Mengen möglicher Modelle ergänzt werden, daß jedes dieser möglichen Modelle sogar ein Modell ist und außerdem alle Querverbindungen für die Klasse M_p erfüllt sind.

Das Urbild der Operation *Ram* in Anwendung auf I ist in der Abbildung oben stark schraffiert eingezeichnet. Der Existenzquantor, welcher in der Wendung „...ergänzt werden, daß - - -" steckt, macht es klar, daß (ii), zum Unterschied von (i), nicht mehr eine summarische Zusammenfassung vieler spezieller Aussagen, sondern eine einzige, unzerlegbare Aussage ist, und zwar eine Aussage von Ramsey-Gestalt.

(In der quasi-linguistischen Formulierung entspricht der Aussage (ii) der Satz (III) von II/2, S. 85; alle dortigen späteren Fassungen bis zur Endfassung (VI) auf S. 102 nehmen bereits auf die Spezialgesetze Bezug, auf die wir erst im folgenden Abschnitt zu sprechen kommen.)

In Erinnerung daran, daß hier das Ramsey-Verfahren benützt wird, haben wir die Operation mit „*Ram*" abgekürzt. Würden wir die Sprechweise der mathematischen Kategorientheorie benützen, so müßten wir *Ram* als *Ramsey-Funktor* bezeichnen. Da dieser Funktor außerdem etwas wegschneidet, wäre er in der Sprache der modernen Mathematik als ein sog. *Vergiß-Funktor* zu charakterisieren. Doch dies möge nur als Nebenbemerkung aufgefaßt werden. Im folgenden werden wir keine Begriffe der Kategorientheorie verwenden und daher auch statt des Symbols „*Ram*" nur mehr das Symbol „A" benützen. Die durch dieses Symbol bezeichnete Operation nennen wir die *Anwendungsoperation*.

Eine gegenüber dem bereits Gesagten zusätzliche Rechtfertigung für diesen Namen liegt in folgendem. Wie die Interpretation unseres Bildes lehrte, kann die effektiv gewählte Menge I in ihrer Gesamtheit als eine erfolgreiche Anwendung von T bezeichnet werden. Außer I gibt es zahllose Kandidaten, welche ebenfalls diese Bedingung erfüllen würden, wenn man sie statt I als intendierte Anwendungen gewählt hätte. Es sind dies, wie das Bild zeigt, alle Flächen von beliebiger Gestalt, die in der unteren Ebene innerhalb des Kreises $A(K)$ liegen. Denn auch für sie würde das Urbild unter der Operation A stets im Durchschnitt von $Pot(M) \cap Q$ liegen.

Man könnte $A(K)$ daher auch als *Klasse all derjenigen Mengen von partiellen Modellen* bezeichnen, *die als echte Kandidaten für intendierte Anwendungen in Frage kämen.* Der grammatikalische Konjunktiv soll ausdrücken, daß es bei der Betrachtung der Elemente von $A(K)$ offen bleibt, ob sie als intendierte Anwendungen gewählt werden oder nicht.

Wenn wir unsere vorläufige Endfassung des Begriffs der Theorie mit dem vergleichen, was diese Theorie behauptet, nämlich mit dem Satz (ii), so stellen wir fest, *daß zwischen beiden Entitäten eine umkehrbar eindeutige Korrelation besteht.* Jeder Theorie $T = \langle K, I \rangle$ entspricht eindeutig die empirische Behauptung dieser Theorie, nämlich: $I \subseteq A(K)$. Und bei vorgegebener empirischer Behauptung läßt sich umgekehrt die Theorie als dasjenige Paar rekonstruieren, welches das Argument der Operation A innerhalb dieser Behauptung als Erstglied und das I dieser Behauptung als Zweitglied enthält.

Daraus wird ersichtlich, wie schief die häufig von Kritikern vorgebrachte Behauptung ist, daß innerhalb des strukturalistischen Ansatzes empirische Behauptungen vernachlässigt würden. Auch innerhalb des statement view, und zwar innerhalb *jeder* seiner Varianten, kommen ja die Analoga zu (ii) vor. Wenn diese Analoga Satzklassen und nicht einzelne Sätze sind, so kann dies *nur* darauf beruhen, daß dort ein anderes Theoretizitätskonzept zugrunde gelegt wird. Sofern die hier benützte Auffassung von T-Theoretizität akzeptiert wird, verschwindet auch dieser Gegensatz vollkommen. Dann muß auch der Vertreter des statement view eine als „Theorie" benannte Satzklasse durch einen einzigen Satz zu reproduzieren versuchen, ganz analog dem Satz (ii).

Als Unterschied bleiben dann zwei Dinge übrig: Erstens daß dasjenige, was wir hier „Theorie" nennen, innerhalb des statement view vollkommen fehlt. Und zweitens daß dasjenige, was wir als die empirische Behauptung (ii) einer Theorie bezeichnen, dort selbst „Theorie" genannt wird. Das erste ist eine inhaltliche, das zweite teilweise, aber auch nur teilweise, eine terminologische Frage.

Die Begründung dafür, daß es sinnvoll ist, Entitäten von der Art $T = \langle K, I \rangle$ einzuführen, ist in den vorangehenden Betrachtungen teilweise bereits mitgeliefert worden. Der Hauptsache nach steht diese Begründung allerdings noch aus. Sie besteht in nicht weniger als in der Behandlung zahlreicher spezieller Themen, zusammen mit der Demonstration, daß diese Art der Behandlung fruchtbar ist, fruchtbarer jedenfalls als die bisher bekannten systematischen Methoden der Analyse von Theorien. Auf die Frage, ob man nicht dennoch lieber Aussagen von der Gestalt (ii) „Theorien" nennen soll, werden wir in Abschn. 1.6 zu sprechen kommen. Es wird sich dort herausstellen, daß es, obzwar vorläufig recht ungewöhnlich, so doch zweckmäßig ist, scharf zu unterscheiden zwischen Theorien und ihren empirischen Behauptungen, sowie daß es ziemlich unvernünftig wäre, dabei die empirischen Behauptungen als Theorien zu bezeichnen. (Bezüglich der Benennung der ersten Art von Entität brauchen wir uns ohnehin keine weiteren Gedanken zu machen; denn sie werden im folgenden umbenannt werden, während der Ausdruck „Theorie" selbst aus dem systematischen Gebrauch völlig verschwinden wird.)

Schlußanmerkung zur Miniaturtheorie AS. Da wir im folgenden auf die Miniaturtheorie *AS* nicht mehr zurückkommen werden, sei hier ausdrücklich hervorgehoben, daß dieses Beispiel nicht neu ist, sondern als *abstraktes* Miniaturmodell bereits von SNEED in [Mathematical Physics] auf S. 40ff. eingeführt wurde. „Abstrakt" heißt hier nur, daß die Deutung als archimedische Statik dort nicht ausdrücklich vollzogen wurde, was dieser Miniaturtheorie vielleicht die Einfachheit und Anschaulichkeit genommen hat, die wir hier wiederherzustellen versuchten. In II/2 ist dieses Beispiel, ebenfalls als ein abstraktes Modell *m*, auf S. 43 benützt worden. Den beiden jetzigen Funktionen *d* und *g* entsprechen dort die Funktionen *n* (für „nicht-theoretisch") und *t* (für „theoretisch"). Die elementaren Rechenbeispiele, die wir oben in 1.4.1 gegeben haben, sind spezielle Fälle der allgemeineren Resultate, die sich bei SNEED a.a.O., auf S. 74–84 und in II/2 in etwas abgekürzter Form auf S. 87–90 finden.

1.5 Fundamentalgesetz und Spezialgesetze. Theorie-Elemente und Theoriennetze

1.5.1 Spezialgesetze als Prädikatverschärfungen. Bisher sind vier Neuerungen angeführt worden. Am Ende der Schilderung der vierten Neuerung sind wir in 1.4.2 außerdem kurz auf eine Folgerung dieser Neuerungen, nämlich auf die wichtige Unterscheidung zwischen einer Theorie und der empirischen Behauptung dieser Theorie, zu sprechen gekommen. Nun müssen wir dem Leser zumuten, noch eine fünfte Neuerung zur Kenntnis zu nehmen. Sie ist weniger radikal als die bisher angeführten, da sie sich mehr oder weniger zwanglos in den bereits geschaffenen neuen Rahmen einfügt.

Die durch Querverbindungen eingeführten Einschränkungen, welche theoretischen oder nicht-theoretischen Größen auferlegt werden, bilden nur *eine* Möglichkeit, den empirischen Gehalt einer Theorie zu verstärken. Eine *zweite* Möglichkeit, diesen Effekt der Gehaltverstärkung zu erreichen, besteht in der Hinzufügung spezieller Gesetze. Um den Grund dafür einzusehen, von dem Fundamentalgesetz einer Theorie spezielle Gesetze zu unterscheiden, die ebenfalls zur Theorie gehören, gehen wir am zweckmäßigsten auf die in 1.1 und 1.2 eingeführten Begriffe zurück. Das eine Theorie ausdrückende mengentheoretische Prädikat enthält das Fundamentalgesetz dieser Theorie. Sollten in den präsystematischen Formulierungen der Theorie gewöhnlich mehrere Gesetze vorkommen, so kann man diese konjunktiv zusammenfassen und sie nach erfolgter Zusammenfassung als *eine* definitorische Bestimmung des Prädikates verwenden. Die Rede von *dem* Fundamentalgesetz ist daher sinnvoll. Wodurch aber ist diese Rede überhaupt gerechtfertigt? Vor allem dadurch, daß dieses Gesetz gemäß der Absicht seines Schöpfers *in allen intendierten Anwendungen*, also in ganz *I*, gelten soll. Spezialgesetze sind demgegenüber dadurch charakterisiert, daß sie *nur in gewissen, aber nicht in sämtlichen intendierten Anwendungen* gelten.

Wenn man damit beginnt, daß das Planetensystem eine klassische Partikelmechanik sei, um dann damit fortzufahren, von diesem Planetensystem als einer Anwendung der Newtonschen Theorie zu sprechen, so nimmt man bei diesem Prozeß stillschweigend eine gedankliche Ergänzung vor. Man setzt nämlich voraus, daß die Bewegungen der zum Planetensystem gehörenden Gegenstände nur durch *Gravitationskräfte* bestimmt sind, die dem *Gravitationsgesetz* genügen. Diese Kräfte wirken danach zwischen zwei Objekten nur entlang einer geraden Verbindungslinie dieser Objekte und die Stärke der Kräfte ist umgekehrt proportional dem Quadrat der Entfernung zwischen den Objekten. Das Gravitationsgesetz ist ein typisches Spezialgesetz, welches z.B. innerhalb der Himmelsmechanik benutzt wird. In anderen Anwendungen der Theorie NEWTONS, z.B. Federn, die auf Objekte Kräfte ausüben, herrschen Kräfte vor, die dem Gesetz von HOOKE genügen.

Wie kann man die Methode der mengentheoretischen Prädikate benützen, um außer dem Fundamentalgesetz auch Spezialgesetze in den Griff zu bekommen? SNEED gibt auf diese Frage eine verblüffend einfache Antwort: *Benütze geeignete Verschärfungen des die Theorie ausdrückenden mengentheoretischen Prädikates!*

Ganz analog, wie man bei Anwendung dieser Methode das Fundamentalgesetz dadurch zur Geltung bringt, daß man es zum Bestandteil der Defnition des die Theorie ausdrückenden Prädikates macht, kann man ein Spezialgesetz bei Weiterführung dieses methodischen Ansatzes in der Weise einführen, daß man es als *zusätzliche definitorische Bestimmung* zum vorgegebenen Prädikat hinzufügt. Was auf diese Weise gewonnen wird, kann als *Verschärfung* des ursprünglichen Prädikates bezeichnet werden. Die naheliegendste Methode bei Weiterverfolgung des gemäß 1.1 eingeschlagenen Wegs besteht somit darin, Spezialgesetze durch Prädikatverschärfungen einzuführen.

Dies hat weiterreichendere Konsequenzen, als man zunächst erwarten würde. Vor allem muß man sich klarmachen, daß damit die herkömmliche Vorstellung von einer Theorie als einem nach zunehmender Allgemeinheit hierarchisch aufgebauten System von Gesetzen preisgegeben werden muß. Denn ein wesentlicher Bestandteil dieser Vorstellung ist die relative Unabhängigkeit der zu dieser Hierarchie zusammengefaßten Gesetze und damit die prinzipiell unabhängige Austauschbarkeit jedes einzelnen dieser Gesetze durch ein besseres; „unabhängig" im Sinn des gleichzeitigen Festhaltens an allen übrigen Gesetzen. Wenn man dagegen Spezialgesetze allein über Prädikatverschärfungen im angedeuteten Sinn einführt, so findet notwendig der Gehalt des Fundamentalgesetzes in diese spezielleren Gesetze Eingang.

Das ist zwar eine bemerkenswerte, jedoch keineswegs eine anstößige Konsequenz dieser Methode. Um sich vom letzteren zu überzeugen, ist es vielleicht zweckmäßig, zwei verschiedene Konzepte von „Spezialgesetz" zu unterscheiden. Im einen Fall handelt es sich um die Benützung von Spezialgesetzen innerhalb einer Theorie, oder, wie man auch sagen könnte, innerhalb eines durch eine Theorie gesetzten Rahmens. Im anderen Fall wird ein Spezialgesetz gleichsam als eine selbständige Entität, losgelöst von jedem umfassenderen theoretischen Kontext, betrachtet. Letzteres entspricht der herkömmlichen Denkweise, ersteres dem strukturalistischen Ansatz. Wenn es also etwa darum geht, denjenigen Teil des dritten Axioms von NEWTON, den man das actio-reactio-Prinzip nennt, als Spezialgesetz mit aufzunehmen, so findet dies im Rahmen des strukturalistischen Ansatzes seinen Niederschlag darin, daß man das mengentheoretische Prädikat „ist eine klassische Partikelmechanik" durch geeignete Zusatzbestimmungen im Definiens verschärft zu dem Prädikat „ist eine das actio-reactio-Prinzip erfüllende klassische Partikelmechanik". Wer gewohnt ist, im Rahmen der herkömmlichen Vorstellungen über Theorien und Gesetze zu denken, dem mag sich der Einwand aufdrängen, daß die herkömmliche *liberalere* Auffassung von Gesetzen hier künstlich eingeengt werde. Aber dies ist nicht der Fall. Sollte z. B. ein Physiker an die Möglichkeit denken, das actio-reactio-Prinzip anzunehmen, nicht jedoch das zweite Axiom von NEWTON, sondern dieses letztere durch ein andersartiges, damit unverträgliches Prinzip zu ersetzen, so kann das Ergebnis wiederum als neues mengentheoretisches

Prädikat eingeführt werden. Nur für die Zwecke der Rekonstruktion der klassischen Partikelmechanik oder Teilen davon ist dieses Prädikat nicht benützbar, da sonst eine Inkonsistenz entstünde. Aber dies macht nichts aus. Denn mit der Preisgabe des zweiten Axioms von NEWTON hätte er ohnehin den Rahmen dieser Theorie, nämlich der klassischen Partikelmechanik, verlassen. Und nichts, wozu er bei Benützung dieses neuen Prädikates auch gelangen möge, dürfte das Attribut „Theorie von Newton" erhalten. Das zweite Axiom von NEWTON bildet eine Hauptkomponente zur *Identifizierung* dieser Theorie *als einer Newtonschen* Theorie.

Ist also die Behandlung von Spezialgesetzen als Verschärfungen des die Theorie ausdrückenden Prädikates auf der einen Seite ‚unschädlich‘, so hat sie doch auf der anderen Seite eine wichtige epistemologische Konsequenz: Nur über diese Spezialgesetze, also auf einem *epistemologischen Umweg*, erhält in der Regel das Fundamentalgesetz einen *empirischen Gehalt*. Dies kann erst später wirklich verstanden werden (vgl. dazu insbesondere die Diskussion gegen Ende von Kap. 7). Hier müssen wir uns mit einer Andeutung begnügen. Betrachten wir dazu als Beispiel wieder das zweite Axiom von NEWTON. Wenn es *wörtlich* interpretiert wird, also mit den beiden darin vorkommenden *KPM*-theoretischen Größen *Masse* und *Kraft*, dann ist es eben wegen dieser beiden Größen nicht zirkelfrei empirisch nachprüfbar. Wird es dagegen, gemäß dem Vorschlag von SNEED, im Ramsey-Sinn umgedeutet, so wird es empirisch gehaltleer. (Der von GÄHDE stammende Nachweis dafür findet sich ebenfalls in Kap. 7.) Was also hat, so ist man prima facie zu fragen geneigt, dieses Gesetz überhaupt für eine Bedeutung, wenn es in *beiden* in Frage kommenden Interpretationen ‚empirisch wertlos‘ ist? Die Antwort lautet: Eine solche Bedeutung bekommt es erst über die Spezialgesetze, die seinen ‚potentiellen‘ empirischen Gehalt in einen effektiven empirischen Gehalt verwandeln. Die metaphorische Rede von einer Theorie als einem bloßen Rahmen, der noch auszufüllen ist, nämlich über Spezialgesetze sowie über spezielle Querverbindungen, gewinnt dadurch erstmals einen präzisen Sinn.

Anmerkung. Um *eine* Fehldeutung dieser Überlegung auszuschließen, sei ausdrücklich darauf hingewiesen, daß eine Entscheidung der Frage, ob ein Gesetz als Bestandteil des Fundamentalgesetzes aufzufassen sei, keineswegs trivial zu sein braucht. Dies gilt insbesondere dann, wenn nicht ganz klar ersichtlich ist, ob unter den Fachleuten Einmütigkeit darüber besteht, ob ein bestimmtes Gesetz in allen intendierten Anwendungen gelten soll oder nicht. Wenn ein derartiger Fall eintritt, so ist zweierlei zu bedenken: Erstens hat eine solche Schwierigkeit ihre mutmaßlichen Wurzeln in der fraglichen Disziplin selbst und nicht in deren wissenschaftstheoretischer Rekonstruktion; denn wo unter den Fachleuten keine Einigkeit vorherrscht, kann auch der beste Wissenschaftsphilosoph keine erzwingen. Zweitens muß diese Schwierigkeit bereits bei der Formulierung des axiomatischen Aufbaues der fraglichen Theorie behoben sein, also auf einer Stufe, wo noch keine Entscheidung darüber gefällt zu werden braucht, ob man das strukturalistische Vorgehen bejaht oder ablehnt. Was immer daher zum *Pro* und *Contra* bezüglich des strukturalistischen Vorgehens gesagt werden mag – die eben erwähnte Schwierigkeit kann jedenfalls *nicht* dazu gehören.

Als Illustrationsbeispiel kann das dritte Axiom von NEWTON dienen. MCKINSEY et al. haben in [Particle Mechanics] dieses dritte Axiom mit Absicht *nicht* in ihre Axiomatisierung der klassischen Partikelmechanik aufgenommen. Als Begründung führen sie auf S. 260 an, es komme sehr oft vor, daß man im Rahmen dieser Theorie Anwendungen betrachten möchte, für die *nicht* gilt, daß zu jeder

‚actio' eine gleiche und entgegengerichtete ‚reactio' existiert. Und sie liefern für diese Behauptung einige Beispiele. Für diejenigen, welche trotzdem mit dieser Nichtaufnahme nicht einverstanden sein sollten, weisen sie auf ein Theorem hin, welches a.a.O. auf S. 265 ff. bewiesen wird und besagt, daß die klassische Partikelmechanik (im ‚reduzierten' Sinn) in eine solche einbettbar ist, in der außerdem das dritte Axiom von NEWTON gilt. Man kann den Beschluß zur Nichtaufnahme seitens dieser Autoren so interpretieren, daß er aus zwei Komponenten besteht, einer praktischen, die zum Ziel hat, die Menge I im vorliegenden Fall möglichst umfassend zu halten, sowie einer theoretischen, die diesen Beschluß gegen mögliche Einwendungen absichert.

Für uns wird später die Entscheidung darüber, was als Fundamentalgesetz gelten soll, dadurch erleichtert, daß wir in einem in Kap. 5 präzisierten Sinn verlangen, Fundamentalgesetze müßten stets *Verknüpfungsgesetze* sein.

1.5.2 Spezialgesetze als Theorie-Elemente und der Übergang zu Netzen von Theorie-Elementen.

Nach dieser quasi-linguistischen Einleitung kehren wir wieder zur rein mengentheoretischen Betrachtungsweise zurück. Analog wie das Fundamentalgesetz extensional durch die Menge M repräsentiert wird, von der wir nicht mehr verlangen, als daß sie eine Teilmenge von M_p ist, kann prinzipiell jede andere Teilmenge von M_p als Gesetz gedeutet werden. Um solche Teilmengen mit Spezialgesetzen identifizieren zu können, wird man allerdings, um im Einklang mit den Überlegungen von 1.5.1 zu bleiben, nur Teilmengen von M selbst wählen.

Was die intendierten Anwendungen betrifft, so sind zwei Falltypen möglich. Der erste entspricht einem Konzept, das im Anschluß an einen Vorschlag von BALZER und SNEED in [View], S. 91, als *die naive Vorstellung vom Funktionieren spezieller Gesetze* bezeichnet worden ist. Danach wird zunächst auf der nichttheoretischen Ebene eine geeignete Teilmenge M'_{pp} von M_{pp} als das, wofür das spezielle Gesetz prinzipiell in Frage kommt, ausgezeichnet und die Menge der intendierten Anwendungen I' des neuen Gesetzes wird einfach dadurch gebildet, daß man die Gesamtmenge I damit zum Schnitt bringt: $I' := I \cap M'_{pp}$. Der zweite Falltyp beinhaltet eine partielle Wiederholung der Situation für die ganze Menge I sowie der Rolle, welche die Theorie bei ihrer Bestimmung spielt. Danach ist auch I' selbst bei Vorgegebensein von I nicht festgelegt, sondern wird gemäß der Autodeterminationsmethode bestimmt, was darauf hinausläuft, daß es dem Spezialgesetz selbst überlassen bleibt, seine eigene Anwendung herauszufinden.

Bezüglich der Frage, wie man Spezialgesetze innerhalb des strukturalistischen Rahmens am besten behandeln solle, hat sich ein entscheidender Wandel vollzogen. SNEEDs ursprüngliches Verfahren bestand, grob gesprochen, darin, sämtliche Spezialgesetze pauschal zu einer einzigen Menge G zusammenzufassen. Auch in II/2 wurde diese Methode angewandt. Sie führt zunächst dazu, daß der Begriff des Kernes K einer Theorie zu dem des *erweiterten Kernes* E zu ergänzen ist, der als 8-Tupel konstruiert wird. (Vgl. II/2, D9 auf S. 130.) Damit waren aber einige große Nachteile verbunden. Zunächst einmal benötigt man hierbei eine zweistellige Relation α, welche die einzelnen Spezialgesetze geeigneten Anwendungen zuordnet. Die Definition dieser Relation ist äußerst umständlich. (Diese Definition findet sich in II/2 auf S. 132 oben; das Definiens umfaßt vier Druckzeilen.) Diese Komplikation überträgt sich auf die Anwendungsoperation: Gegenüber der oben in 1.4.2 sehr einfach definierten Anwendungsoperation **A** mit Kernen als Argumenten benötigt man eine wesentlich kompliziertere Definition einer analogen Operation **A**$_e$ für erweiterte Kerne (vgl. D10b in II/2, S. 133; auch diesmal umfaßt das Definiens vier Druckzeilen). Da sich das allgemeine Arbeiten mit diesen beiden Begriffen α und **A**$_e$ als ungemein kompliziert erwies, wurden innerhalb des ursprünglich gewählten Ansatzes keine nennenswerten mathematischen Theoreme bewiesen.

In der Zwischenzeit hatte BALZER den Einfall, diese Nachteile dadurch zu überwinden, daß Spezialgesetze *in vollkommener Analogie zur Theorie* rekonstruiert, also ebenfalls als Entitäten von der Gestalt ⟨*K, I*⟩ gedeutet werden, die wir in 1.4.2 „Theorie" nannten. Der neue, dafür geprägte Name ist „*Theorie-Element*". Was bislang „Theorie" genannt wurde, ist nun bloß ein ausgezeichnetes, grundlegendes Theorie-Element, bei dem alles seinen Ausgang nimmt. Spezialgesetze werden aus diesem Basiselement durch die Operation der *Spezialisierung* gewonnen. Diese Operation ist, wie wir sehen werden, sehr einfach zu definieren, da man sie auf die mengentheoretische Einschluß-Relation zurückführen kann. Was man nach Einbeziehung sämtlicher Spezialgesetze erhält, ist ein ganzes *Netz* von Theorie-Elementen, die durch die Spezialisierungsrelation miteinander verbunden sind. Das Netz beginnt mit dem Basiselement; und die speziellen Gesetze werden daraus sukzessive durch iterierte Anwendung der Spezialisierungsrelation gewonnen. Mehr über die technischen Einzelheiten anzudeuten, erübrigt sich hier, da das Verfahren in Kap. 2 präzise geschildert wird. Die erste systematische Behandlung von Theoriennetzen findet sich in den beiden Arbeiten von BALZER und SNEED [Net Structures I] und [Net Structures II].

Eine terminologische Konsequenz dieser Neuerung, die auch gewisse philosophische Folgen hat, sei noch erwähnt: In dem Augenblick, wo der Begriff des Theoriennetzes geboren wurde, war für das Wort „Theorie" kein systematischer Platz mehr vorhanden. *Dieses Wort „Theorie" kommt seither im strukturalistischen Rahmen nicht mehr vor.*

Wer dies als paradox empfindet, sei an QUINES Slogan erinnert: „Explikation ist Elimination." Im weiteren Verlauf werden noch zusätzliche Entitäten hinzukommen, die ebenfalls mit dem präsystematischen Theorienbegriff eng zusammenhängen, wie z.B. pragmatisch erweiterte Theorie-Elemente und Theoriennetze (Kap. 3); durch Unschärfemengen ergänzte Entitäten dieser Art, die dem Studium von Approximationsproblemen dienen (Kap. 8); Theorienkomplexe (Kap. 9). Die letzteren dürften dem vorexplikativen Gebrauch von „Theorie" vermutlich in den meisten Fällen am nächsten kommen, da darin nicht ‚Theorien in Isolierung', sondern zusammen mit den ihnen ‚zugrunde liegenden' und (meist nur stillschweigend) vorausgesetzten Theorie-Elementen und Theoriennetzen studiert werden.

Alle eben erwähnten Gebilde sind *nicht-sprachliche* Entitäten. Auf jeder Stufe der Betrachtung legt jedoch eine derartige Entität *eine ihr eindeutig zugeordnete empirische Behauptung* fest. Was diesbezüglich in 1.4.2 über Theorie-Elemente gesagt worden ist, also über die für systematische Zwecke elementarsten, sozusagen ‚atomaren' Gegenstände metawissenschaftlicher Betrachtung, gilt analog für alle diese weiteren Entitäten. Wir werden im nächsten Abschnitt nochmals darauf zu sprechen kommen.

1.6 Folgerungen und weitere Neuerungen. Zum Begriff der Theorie

1.6.1 Ein neues Paradigma von Theorie. Wir haben in den ersten fünf Abschnitten bei weitem nicht alle, wohl aber alle *grundlegenden* Neuerungen angeführt, die für das strukturalistische Theorienkonzept charakteristisch sind. Grundlegend sind sie in dem doppelten Sinn, daß sie erstens in allen weiteren metaphilosophischen Studien über präsystematisch vorgegebene Theorien und Relationen zwischen solchen benützt und zweitens für die Rekonstruktion und Analyse konkret vorliegender Theorien herangezogen werden.

Angesichts der Tatsache, daß die bislang geschilderten fünf Aspekte in logischer Hinsicht relativ unabhängig voneinander sind, müßte man eigentlich sagen, daß die Wendung „strukturalistisches Theorienkonzept" eine *Sammelbezeichnung* für die genannten Neuerungen bildet. Rein logisch gesehen sind unabhängige Variationen in allen diesen fünf Hinsichten denkbar. Doch wir haben gesehen, daß sich für alle diese Neuerungen Argumente vorbringen lassen. Und wenn auch das Spektrum dieser Argumente insgesamt von rein praktischen Überlegungen bis zu streng theoretischen Einsichten und Schlußfolgerungen reicht, so erheben sie doch alle den Anspruch, zwingende Argumente zu sein.

Doch die *Bedeutung* dieser Aspekte liegt weder in ihrer isoliert zu betrachtenden Eigenart noch in den für sie vorgebrachten Gründen, sondern in der Weise ihres *Zusammenspiels*. Über dieses Zusammenspiel konnten wir bislang naturgemäß nur mehr oder weniger vage Andeutungen machen, etwa bei der Hervorhebung der prognostischen Leistungen, die sich durch das Zusammenwirken von Querverbindungen und theoretischen Begriffen ergeben. In dem Maße, in welchem das Arbeiten mit diesem neuen Begriffsapparat vertraut und zu einer Art Routine wird, nimmt das strukturalistische Konzept nicht nur immer schärfere Konturen an, sondern die prima facie unabhängigen Züge verdichten sich zu einem Bild von zunehmender Einheitlichkeit, zu einem *neuen Paradigma von Theorie*, wie man sagen könnte. Ein neues Paradigma von Theorie, obwohl das *Wort* „Theorie" darin nicht mehr benützt wird!

Zusätzliche Substanz gewinnt dieses Paradigma durch Einfügung weiterer Aspekte. Daß sich solche überhaupt einfügen lassen, ist ein Beweis für die außerordentliche Flexibilität dieses neuen Begriffsapparates. So z.B. kann eine neue Brücke zur historischen Forschung dadurch geschlagen werden, daß der Begriff des Theoriennetzes mit gewissen pragmatischen Begriffen angereichert wird, wie historischen Zeiten, Forschergruppen und epistemologischen Standards, welche von diesen Forschern geteilt werden. Wenn man den so gewonnenen Begriff in bezug auf geschichtliche Abläufe ‚dynamisiert', so daß man den Begriff der *historischen Evolution von Theoriennetzen* gewinnt, und überdies ein geeignetes Explikat von „Paradigma" einfügt, so erhält man eine recht klare Vorstellung von dem, was T.S. KUHN als einen normalwissenschaftlichen Prozeß bezeichnet, und kann über die eigentümlichen Züge eines derartigen Ablaufes zum Teil viel schärfere Aussagen machen als vorher. Darüber soll in Kap. 3 Näheres gesagt werden.

Ein anderes Beispiel liefert die Möglichkeit, *die wissenschaftstheoretische Bedeutung von Approximationen*, die lange Zeit eine Art Stiefkind der Wissenschaftsphilosophie bildeten, in den gegenwärtigen Rahmen einzubeziehen. Der Gedanke, als präzises Instrument für die Behandlung von Approximationsthemen den Begriff der uniformen Struktur von BOURBAKI zu benutzen, geht nicht auf einen Strukturalisten, sondern auf den Physiker G. LUDWIG zurück. Doch konnte MOULINES zeigen, daß sich dieser technische Apparat mühelos in den strukturalistischen Rahmen einbauen läßt und zusätzliche Differenzierungen ermöglicht, wenn man die durch solche Strukturen erzeugten ‚Unschärfemengen' sowohl auf theoretischer als auch auf nicht-theoretischer Stufe einführt und miteinander in Beziehung setzt. Selbst intertheoretische Relationen, wie etwa der Begriff der Reduktion einer Theorie auf eine andere, lassen sich entsprechend verallgemeinern oder besser gesagt: ‚approximativ aufweichen', im eben genannten Beispiel etwa zu dem Begriff der approximativen Reduktion oder approximativen Einbettung einer Theorie in eine andere. Kap. 8 ist ausschließlich der Approximationsthematik gewidmet.

Einen besonders interessanten und erfolgversprechenden neuen Ansatz bildet die Möglichkeit eines systematischen Studiums und Vergleichs *innertheoretischer* und *intertheoretischer Relationen*. Dabei erweist sich für die Untersuchung allgemeiner Relationen *zwischen* Theorien der Übergang zur informellen Modelltheorie als zweckmäßig und ratsam. Genaueres darüber wird in Kap. 9 zu berichten sein. Um die Wichtigkeit dieses Forschungstrends zu verdeutlichen, sollen im zweiten Teil des neunten Kapitels einige neue philosophische Ausblicke auf Themen, wie „Fundamentalismus", „Holismus", „Kohärentismus" gegeben werden.

Wir erwähnen noch kurz zwei Vorteile, die sich für das wissenschaftstheoretische Arbeiten mit dem strukturalistischen Begriffsapparat ergeben. Der eine folgt aus den Vorzügen *makrologischer* Analysen gegenüber den herkömmlichen *mikrologischen* Verfahren. Unter den letzteren verstehen wir solche, in denen die in einer Theorie vorkommenden einzelnen Terme oder Begriffe jeweils für sich untersucht werden. Wenn es um Theorienvergleiche geht, so müssen bei mikrologischer Betrachtungsweise Term-für-Term-Vergleiche angestellt werden. Für viele Untersuchungen, z.B. solche, welche die Themen „Reduktion" oder „Approximation" betreffen, ist dies äußerst kompliziert und mühsam. Im Rahmen makrologischer Analysen stehen demgegenüber *globale Strukturen* im Vordergrund. Es wird darin z.B. nicht erst über die einzelnen Terme und Aussagen, die solche Terme enthalten, auf die Modelle der Theorie Bezug genommen, sondern es wird von vornherein mit solchen Entitäten wie M_p, M_{pp} und M operiert. Ebenso werden bei Vergleichen sofort derartige globale Entitäten miteinander in Beziehung gesetzt; oder es wird statt mit Folgen von Einzeltermen oder Zahlen mit Folgen von potentiellen Modellen oder von

Modellen gearbeitet etc. Hier lehrt die Erfahrung, daß ein solcher Umgang mit globalen Strukturen viel einfacher ist als es die entsprechenden mikrologischen Verfahrensweisen sind.

Einen anderen Vorteil bildet die Möglichkeit, *realistische Miniaturtheorien* von solcher Art zu studieren, wie dies in Kap. 7 an einem konkreten Beispiel geschieht. Es ist eine auszeichnende Eigentümlichkeit des Sneed-Formalismus, dies zu ermöglichen. Da nämlich die außerordentlich große Anzahl von intendierten Anwendungen den Haupthinderungsgrund dafür darstellt, wirkliche und interessante naturwissenschaftliche Theorien zum Gegenstand der Rekonstruktion zu machen, ist es naheliegend, bezüglich eines Paares $\langle K, I \rangle$ den Teil K aus einer echten naturwissenschaftlichen Theorie zu wählen, in bezug auf I dagegen mittels einer idealisierenden Zusatzannahme eine künstliche Einschränkung auf eine sehr kleine Menge herbeizuführen. Wie in Kap. 7 gezeigt werden soll, eröffnen sich hier ganz neue Perspektiven für das künftige Studium empirischer Theorien.

1.6.2 Zum präsystematischen Begriff der Theorie und seinen systematischen Entsprechungen. Eine Wurzel für Verständnisschwierigkeiten, mit denen selbst wohlwollende Interessenten am strukturalistischen Projekt zu kämpfen haben, bildet die gegen Ende von 1.5.2 erwähnte Tatsache, daß dem präsystematischen Gebrauch von „Theorie" eine scheinbar verwirrende Fülle von systematischen Begriffen gegenübersteht. Angesichts der tragenden Rolle, die der Begriff der Theorie in der bisherigen Wissenschaftsphilosophie gespielt hat, ist es daher nicht verwunderlich, wenn immer wieder eine Frage von der Art auftaucht: „Was ist denn nun eigentlich nach strukturalistischer Auffassung eine *Theorie*?"

Statt einer Antwort geben wir ein mathematisches Analogiebeispiel. Dem präsystematischen Begriff der Zahl entsprechen viele mathematische Entitäten, wie: natürliche Zahl; ganze Zahl; rationale Zahl; reelle Zahl; komplexe Zahl; transfinite (Ordinal- oder Kardinal-) Zahl. Und auf die bohrende Frage: „was ist denn nun eigentlich nach mathematischer Auffassung eine Zahl?" kann man im Grunde nur antworten: „eine Zahl ist entweder eine natürliche Zahl oder ..." und dann die ganze Liste adjunktiv anführen. Womit man nur zum Ausdruck brächte, daß der ungenauen und undifferenzierten Sprechweise im Alltag eine viel differenziertere und subtilere Expertensprechweise gegenübersteht: Dem einen Explikandum entsprechen viele Explikate, zwischen denen zahlreiche Beziehungen bestehen und die außerdem samt ihren Beziehungen auf verschiedenste Weise konstruiert werden können. (Zum Unterschied vom vorliegenden Fall hatte in dieser mathematischen Analogie das Expertenwissen bereits viele Rückwirkungen auf das alltägliche Verständnis, so daß dieses einen Teil des von den Experten erschlossenen Spektrums umfaßt. So reichte das Zahlenspektrum eines gebildeten Griechen bis zu den rationalen Zahlen, für einen gebildeten heutigen Bürger vermutlich bis zu den reellen Zahlen. Die komplexen Zahlen werden jedoch kaum und die transfiniten sicherlich nicht mit umfaßt, es sei denn, daß der das Wort „Zahl" benutzende Sprecher zufälligerweise moderne Mathematik studiert hat.)

Aber unabhängig von den durch solche Analogiebetrachtungen zu behebenden Schwierigkeiten bleiben weitere bestehen. Zwei davon seien erwähnt. Da ist zunächst die Asymmetrie zwischen herkömmlicher Sprechweise und Rekonstruktion. Nach der ersteren ist das grundlegende Gebilde, auf das es ankommt– und zwar sowohl wissenschaftlich als auch wissenschaftstheoretisch–, die Theorie. Für den gegenwärtigen Ansatz ist die grundlegende Einheit, deren Komponenten man zunächst zu studieren hat und die den Ausgangspunkt für alles weitere bildet, der Begriff des Theorie-Elementes. (Daß dieses in SNEEDS Werk und auch in II/2 „Theorie" genannt wurde, hat die Schwierigkeiten nicht gemildert, sondern eher verstärkt, weil dadurch die Asymmetrie auch sprachlich verschleiert wurde.)

Es ist klar, warum innerhalb des strukturalistischen Ansatzes der Begriff des Theorie-Elementes $T = \langle K, I \rangle$ die ‚atomare Urzelle' bildet, bei der alle Studien ihren Ausgang nehmen. Dieser Begriff enthält, sozusagen in stenographisch verschlüsselter Form, das gesamte relevante Allgemeinwissen über eine Theorie: K umfaßt den ganzen mathematischen Apparat, I die intendierten Anwendungen. In K wiederum kommt der präzise axiomatische Aufbau, der das Fundamentalgesetz enthält, in Gestalt von M vor und der dabei benutzte begriffliche Apparat in Gestalt von M_p. Die theoretisch – nicht-theoretisch – Dichotomie findet ihren Niederschlag in der scharfen Abgrenzung von M_p und M_{pp}. Und die grundlegenden Querverbindungen werden getrennt als Q angeführt. Dies ist alles, was man wissen muß, um eine präsystematisch vorgegebene Theorie als *diese* Theorie *identifizieren* zu können.

Wer jedoch das Wort „Theorie" im präsystematischen Sinn verwendet, denkt meist an mehr als an ein Theorie-Element. Die Wendung „Theorie Newtons" bezieht sich gewöhnlich nicht nur auf die klassische Partikelmechanik, sondern schließt auch das actio-reactio-Prinzip ein, meist sogar das ganze dritte Axiom; und in vielen Fällen wird der Sprecher als mehr oder weniger selbstverständlich unterstellen, daß auch das Gravitationsgesetz mitgemeint sei, da er beim Namen „Newton" ganz automatisch an dessen Himmelsmechanik denkt. Einer so benützten Wendung „Theorie" entspricht in unserem systematischen Wortgebrauch am ehesten ein Teilnetz, das über der als Theorie-Element rekonstruierten klassischen Partikelmechanik errichtet wird, nämlich dasjenige Teilnetz, welches bereits auf seinen Urheber NEWTON zurückgeht. Nur bei relativ einfachen Theorien, wie etwa der Theorie KEPLERS, wird es möglich sein, diese Theorie zur Gänze als Theorie-Element zu rekonstruieren. Das Newton-Beispiel illustriert zugleich *die schillernde Mehrdeutigkeit des präsystematischen Theorienbegriffs*. Es gibt sogar berühmt gewordene Diskussionen, in denen die Teilnehmer den Anschein erwecken, über ‚*die*' Theorie NEWTONS, als einer eindeutig ausgezeichneten Entität, zu sprechen, und in deren Verfolgung der aufmerksame Beobachter feststellt, daß zwar jedesmal *eine*, trotz der Verwendung des bestimmten Artikels je nach augenblicklichem Kontext aber eine *andere* der drei eben erwähnten Entitäten gemeint ist.

Hat man sich dies einmal klar gemacht, so verschwinden die Schwierigkeiten. Man muß sich dann höchstens noch an eine etwas andersartige Terminologie gewöhnen. Betrachtet man, so wie wir dies tun, die Theorie-Elemente als die grundlegenden Einheiten, so ist es z.B. zweckmäßig, Relationen zwischen solchen Elementen einheitlich als *intertheoretische* Relationen aufzufassen, darunter auch die bereits erwähnte Spezialisierungsrelation. Im präsystematischen Sinn ist dies jedoch meist eine *innertheoretische* Relation, wie abermals das Newton-Beispiel zeigt: Bei Zugrundelegung der herkömmlichen Denkweise beinhaltet der Übergang vom Fundamentalgesetz der klassischen Partikelmechanik zum Dritten Axiom sowie der Übergang vom letzteren zum Gravitationsgesetz keinen intertheoretischen, sondern einen innertheoretischen Sachverhalt, werden doch hier, so würde das Argument lauten, Beziehungen hergestellt zwischen Gesetzen *ein und derselben* Theorie.

Noch größere Probleme bereitet die Tatsache, daß innerhalb unseres Ansatzes die systematischen Entsprechungen des präsystematischen Theorienbegriffs *nicht-linguistische* Entitäten sind. Für viele Leser bildet dies keine bloße Verständnisschwierigkeit mehr. Für sie ist es eine Anstößigkeit.

Versuchen wir, uns einen kurzen Überblick zu verschaffen. Wenn wir nur solche Gebilde betrachten, die bereits andeutungsweise zur Sprache kamen, und wenn wir uns außerdem auf den *statischen* Fall beschränken, erhalten wir sechs Entitäten, was wir in der folgenden Tabelle festhalten:

Außersprachliche Entitäten	Eindeutige Zuordnung	Sprachliche Entitäten
(1a) Theorie-Element	⟶	(1b) zugeordnete empirische Behauptung
(2a) Theoriennetz	⟶	(2b) zugeordnete empirische Behauptung
(3a) Theorienkomplex	⟶	(3b) zugeordnete empirische Behauptung

Fig. 1-5

Dabei ist es wichtig zu beachten, daß jeder der drei Entitäten (1a) bis (3a) auf der linken Seite die rechts angezeigte linguistische Entität *eindeutig* zugeordnet wird. Daß es sich dabei jeweils nicht um eine Satzklasse, sondern um eine einzige Aussage handelt, ist eine alleinige Folge des Begriffs der T-Theoretizität und der von uns akzeptierten Ramsey-Lösung des Problems der theoretischen Terme.

Dasselbe Schema gilt auch dann, wenn man eine der links stehenden Entitäten gemäß einer der in 1.6.1 beschriebenen Weisen erweitert, also etwa um pragmatische Faktoren oder um Unschärfemengen. Es bleibt sogar dann erhalten, wenn man den in Kap. 3 genauer beschriebenen *dynamischen* Fall einbezieht. Denn dann betrachtet man *historische Folgen von* Entitäten, die in der linken Spalte stehen; und diesen sind wieder Folgen von sprachlichen Entitäten im Sinne der rechten Spalte eindeutig zugeordnet.

Angenommen, jemand hält es aus irgendwelchen Gründen für ratsam oder sogar für geboten, den Ausdruck „Theorie" nur auf sprachliche Entitäten anzuwenden. Dann kann er *selbstverständlich* beschließen, dieses Wort – oder eine Wortkombination, in welcher der Ausdruck „Theorie" als Teil vorkommt – auf eines der rechts stehenden Gebilde anzuwenden. Diejenigen Gebilde, welche in der linken Spalte vorkommen, müßte er dann umbenennen. Dazu wäre zweierlei zu bemerken: Erstens hätte er sich damit zwar terminologisch dem sog. statement view angepaßt. Der Sache nach aber wäre alles beim alten geblieben. Denn was den strukturalistischen Ansatz vom herkömmlichen Denken über Theorien unterscheidet, ist ja nicht eine andere Sprechweise und vor allem auch nicht, daß im Strukturalismus irgendwelche sprachlichen Entitäten, die dort für wichtig gehalten werden, zum Verschwinden gebracht würden. Der Unterschied besteht in seiner wichtigsten Hinsicht genau umgekehrt darin, daß die in der linken Spalte angeführten Entitäten (bzw. deren Bereicherungen und Erweiterungen) im Rahmen des herkömmlichen statement view überhaupt nicht vorkommen. *Innerhalb des strukturalistischen Ansatzes tritt Neues hinzu, während nichts Altes wegfällt.*

Zweitens aber wäre ein solcher terminologischer Beschluß gar nicht ratsam, und zwar ganz unabhängig davon, ob es dort Entsprechungen zu unserer Differenzierung in der rechten Spalte gibt oder nicht. Wir müssen uns hier mit einer Andeutung begnügen. Dazu machen wir eine Fallunterscheidung. *1. Fall:* Die einem Theorie-Element T zugeordnete Entität (1b) wird „Theorie" genannt. Dann ist zunächst die darin liegende Doppeldeutigkeit zu beheben: (a) Entweder in (1b) kommen die T-theoretischen Terme unverändert vor. Dann ist (1b), wie wir gesehen haben, *nicht empirisch nachprüfbar.* Es erscheint jedoch nicht als sinnvoll, eine nachweislich empirisch nicht nachprüfbare und somit nicht-empirische Aussage „Theorie" zu nennen; denn im gegenwärtigen Kontext soll doch unter einer Theorie gerade eine *empirische* Theorie verstanden werden. (b) Oder unter (1b) wird bereits, wie wir dies für uns oben voraussetzten, der Ramsey-Sneed-Satz von T verstanden. Dann ist in den meisten Fällen – insbesondere im Fall der klassischen Partikelmechanik – diese Aussage *empirisch gehaltleer,* also ein mathematisch beweisbarer Satz (vgl. dazu Kap. 6 und Kap. 7). Analog zum ersten Fall kann man sagen: Es ist nicht sehr sinnvoll, unter einer empirischen Theorie eine mathematisch beweisbare Aussage zu verstehen. *2. Fall:* Eine der anderen Entitäten in der rechten Spalte soll „Theorie" heißen. Wählen wir als paradigmatisches Beispiel (2b). Dann müssen wir berücksichtigen, daß ein Theoriennetz im Sinn von (2a), zum Unterschied von dem, was wir das Basiselement des Netzes nannten, keineswegs etwas Starres, ein für alle Mal Festliegendes darstellt, sondern etwas, das *dauernden Änderungen unterworfen* ist. So z.B. werden neue Spezialgesetze versuchsweise hinzugenommen und alte, die sich nicht bewährten, preisgegeben. Ähnlich ergeht es speziellen Querverbindungen, ja sogar der Menge I, die ebenfalls versuchsweise ständig erweitert wird oder deren frühere Erweiterungen wieder zurückgenommen werden müssen. Kurz und bündig ausgedrückt: *Jede, auch die kleinste Änderung an der ‚Peripherie der wissenschaftlichen Forschung' schlägt sich sofort in einer entsprechenden Änderung der empirischen Aussage von der Gestalt (2b) nieder.* Würde man eine Aussage von dieser Gestalt „Theorie" nennen, so hätten wir von einem ständigen Theorienwandel zu sprechen, wo wir gewöhnlich eine Konstanz der

Theorie annehmen. Machen wir etwa die bescheidene Annahme, daß in den über 200 Jahren ‚Newtonscher Physik' im Durchschnitt pro Monat nur eine einzige Änderung oder Ergänzung dieser Art von einem in der Newtonschen Tradition stehenden Physiker gemacht wurde. Dann müßten wir sagen: „*Die* Theorie von Newton gibt es gar nicht, sondern die folgenden 2400 Theorien: ...".

Diese Überlegungen sollen keine theoretischen Argumente gegen den statement view darstellen. Wir wollten nur darauf hinweisen, daß jemand, der weiterhin allein sprachliche Manifestationen „Theorie" nennen will, auch bereit sein müßte, eine der angedeuteten Konsequenzen zu ziehen.

Zu all diesen Erwägungen kommt noch die folgende, *rein praktische* Überlegung hinzu: Wie bereits hervorgehoben wurde, ist das wissenschaftstheoretische Studium konkreter Theorien nicht so sehr wegen des oft recht aufwendigen mathematischen Apparates, sondern wegen der fast unübersehbaren Anzahl intendierter Anwendungen äußerst schwierig. Dies macht es häufig unmöglich, die den auf der linken Spalte erwähnten und auch anschreibbaren Entitäten rechts entsprechenden Aussagen überhaupt *effektiv hinzuschreiben*. Nur im ‚trivialen' Fall (1a) ist dies immer möglich; aber da landen wir ja entweder in einer empirisch unüberprüfbaren oder in einer empirisch gehaltleeren Aussage. In den übrigen Fällen können wir *nur die Form* der Aussage angeben. Hinschreiben können wir den Ramsey-Sneed-Satz bestenfalls für realistische Miniaturtheorien von der am Ende von 1.5.2 erwähnten und in Kap. 7 genauer geschilderten Art.

Um dieses Thema abzuschließen, machen wir einen Vorschlag zur Versöhnung scheinbar gegensätzlicher Auffassungen. Da kaum jemand leugnen kann, daß das, was uns an einer Theorie interessiert, vor allem dasjenige ist, ‚was diese Theorie zu sagen hat', ist der Wunsch nach einem Theorienbegriff, der empirische Aussagen einschließt, sicherlich legitim. Dieses Interesse kann stets in der Weise befriedigt werden, daß man ein Gebilde *als Theorienartiges* rekonstruiert, welches sowohl die außersprachliche als auch die zugeordnete sprachliche Entität als Glied enthält. Eine präsystematisch vorgegebene Theorie lasse sich etwa rekonstruieren als Theoriennetz über einem eindeutig ausgezeichneten Basiselement, aus dem alle übrigen Theorie-Elemente durch Spezialisierung hervorgehen. Man kann dann diese Basis, *zusammen mit der ihr korrespondierenden Behauptung*, die *Basistheorie* oder *Rahmentheorie* nennen[4]. Und analog kann man hinsichtlich aller Stadien des Aufbaues und der Verfeinerung des über dieser Basis errichteten Theoriennetzes verfahren. Das Theorienartige ist dann jeweils nicht bloß ein solches Teilnetz, sondern letzteres zusammen mit der empirischen Behauptung.

Falls man sich für eine solche Terminologie entschließt, sollten aber zwei Dinge nicht übersehen werden. Erstens wird dann nur die Rahmentheorie eine stabile Entität, nicht hingegen die anderen Varianten des Theorienartigen; denn alle diese Varianten bleiben ebenfalls dem weiter oben geschilderten Wandel

---

4   Wenn $\langle K, I \rangle$ eine Basis ist, so wäre danach die entsprechende Rahmentheorie zu identifizieren mit dem Paar: $\langle \langle K, I \rangle, I \subseteq \mathbf{A}(K) \rangle$.

unterworfen. Das Wort „Theorie" bliebe nach wie vor ambig. (Der Leser überlege sich dies als Übungsaufgabe für den Fall der Newtonschen Theorie.) Zweitens wäre es falsch zu meinen, dadurch würden Begriffe eingeführt, die in irgendeinem Sinn ‚reicher' sind als diejenigen, die wir bisher erwähnten und mit denen wir auch später arbeiten werden. Denn wegen der *Eindeutigkeit* der in Fig. 1-5 abgebildeten Zuordnungen wird die einschlägige sprachliche Entität stets bereits durch die außersprachliche Entität mitgeliefert. Die eben vorgeschlagenen zusätzlichen Begriffe dienen also wirklich *nur* dem Zweck, eine Versöhnung zu stiften; denn es wird in ihnen bloß etwas ausdrücklich hervorgehoben, was in den Entitäten der linken Spalte von Fig. 1-5 bereits implizit enthalten ist.

1.7 Einige philosophische Ausblicke

Verschiedene Folgerungen des strukturalistischen Theorienkonzeptes sind bereits in mehreren früheren Veröffentlichungen ausführlich zur Sprache gekommen, insbesondere solche, welche das Verhältnis zur historisch-pragmatischen Forschung betreffen, die ihrerseits wieder hauptsächlich durch T.S. KUHN repräsentiert wird. Wir können uns daher diesbezüglich kurz fassen. Nähere Einzelheiten findet der Leser hauptsächlich in II/2 und in dem Sammelband [Neue Wege].

Eine klärende Feststellung muß allerdings vorausgeschickt werden: Einige Kritiker des strukturalistischen Ansatzes haben die Auffassung vertreten, dieser Ansatz sei als Produkt von Bemühungen um eine rationale Rekonstruktion oder sogar um eine partielle Rechtfertigung der Wissenschaftsphilosophie von T.S. KUHN hervorgegangen. Obwohl für diese seltsame These niemals auch nur die leiseste Spur von Begründung vorgetragen worden ist, scheint sie weit verbreitet zu sein. Aus diesem Grunde ist es vielleicht nicht völlig überflüssig, hier nochmals ausdrücklich hervorzuheben, daß der strukturalistische Ansatz zusammen mit seinen bisherigen Ergebnissen zwar neue und interessante Antworten auf das liefert, was man „Kuhns epistemologische Herausforderung" nennen könnte, daß die Gewinnung dieser Antworten aber *ein bloßes Nebenprodukt der systematischen Überlegungen* bildete. Als wichtig erschienen uns diese Antworten vor allem deshalb, weil sie es ermöglichen, das schiefe und verzerrte Bild, das viele Philosophen von den Ansichten KUHNS haben, zu korrigieren, dieses Bild von KUHNS Wissenschaftsphilosophie also sozusagen zu ‚entirrationalisieren'. Um künftige vereinfachende Äußerungen über das Verhältnis von SNEED und KUHN zu unterbinden, daneben aber auch, um aufzuzeigen, inwieweit sich die Gedanken dieser beiden, mit so verschiedenartigen Methoden arbeitenden Philosophen berühren, ergänzen und wechselseitig stützen, soll in Kap. 12 versucht werden, unter Benützung eines methodologischen Prinzips von J. RAWLS ein differenzierteres Bild von der Beziehung zwischen diesen beiden Gedankenwelten zu skizzieren.

Wer daran interessiert ist, einen historischen Zusammenhang herzustellen, könnte auf R. CARNAPS Forderung nach einer rationalen Nachkonstruktion der empirischen Wissenschaften und ihrer Relationen zurückgreifen, zumal die Gründe, die für eine solche Nachkonstruktion sprechen, dieselben geblieben sind. Nur die Methoden sind radikal andere geworden. Doch selbst hier besteht kein Konflikt in bezug auf theoretische Beurteilungen, sondern ein rein praktischer Unterschied in der Bewertung dessen, was menschenmöglich ist. Nach unserer Auffassung hat CARNAP selbst die langfristigen Fähigkeiten von uns Menschen, mit formalen Sprachen umzugehen, außerordentlich überschätzt.

Was nun die KUHNschen Herausforderungen betrifft, so kann man sie retrospektiv in *drei Klassen* unterteilen. Im Zentrum der ersten steht die These, daß naturwissenschaftliche Theorien gegenüber ‚widerspenstigen Erfahrungen‘ *relativ immun* sind und daß daher, wie wir es vorsichtig formulieren wollen, empirische Widerlegungen in den Naturwissenschaften eine viel geringere Rolle spielen als gemeinhin angenommen wird. Die zweite enthält als Kern die Behauptung, daß die im Verlauf einer wissenschaftlichen Revolution auftretende neue Theorie, welche die alte Theorie verdrängt, mit der letzteren *inkommensurabel* sei. Diese Inkommensurabilitätsbehauptung wurde gelegentlich, wenn auch nicht von KUHN selbst, zu der Unvergleichbarkeitsthese verschärft, wonach verdrängende und verdrängte Theorie miteinander unvergleichbar sind. KUHNS dritte und vermutlich schärfste Herausforderung, welche eine neue und verblüffende Stellungnahme zum Thema „*Induktion*“ betrifft, ist bisher überhaupt noch nicht systematisch behandelt worden. KUHN vertritt hier die These, daß es keine strengen Kriterien für rationale Theorienwahl gäbe.

Aus den mit der zweiten und dritten Herausforderung verknüpften Thesen scheint man die schockierende Folgerung ziehen zu müssen, daß man im Fall revolutionärer wissenschaftlicher Veränderungen den Fortschrittsbegriff preiszugeben habe, statt von einem wissenschaftlichen Fortschritt von einem bloßen Theorienwandel sprechen müsse und damit schließlich den Gedanken fallen zu lassen habe, daß die Naturwissenschaften ein rationales menschliches Unternehmen darstellen.

Der ersten, die Theorienimmunität betreffenden Herausforderung kann man innerhalb des skizzierten Rahmens am leichtesten gerecht werden. Nicht weniger als fünf potentielle Quellen für ‚Theorienimmunität‘ bzw. ‚Gesetzesimmunität‘ sind angebbar:

(1) Zunächst einmal ist der durch das Basiselement einer Theorie festgelegte Rahmen meist nicht empirisch widerlegbar. Die klassische Partikelmechanik liefert dafür ein einfaches Illustrationsbeispiel: Das zweite Gesetzt von NEWTON ist nicht falsifizierbar, da es keine von diesem Gesetz unabhängige Methode der Messung von Kraft- und Massenfunktionen gibt (*KPM*-Theoretizität von *Masse* und *Kraft*). Und die diesem Basiselement zugeordnete Behauptung ist mathematisch beweisbar, also empirisch gehaltleer (vgl. Kap. 7).

(2) In Bezug auf Spezialgesetze liefert der Sneed-Formalismus die Versöhnung zwischen den Positionen von POPPER und KUHN: Soweit für diese Gesetze

nicht das Autodeterminationsprinzip gilt, sind sie empirisch falsifizierbar; aber die Falsifikation schlägt nicht ‚nach oben hin' bis zur Theorie selbst, d.h. bis zum Basiselement, durch, welches davon unberührt bleibt. Generell: Endlich oftmaliges Scheitern von Netzverfeinerungen liefert keinen Beweis dafür, daß eine erfolgreiche Netzverfeinerung nicht möglich ist.

(3) Eine weitere potentielle Immunitätsquelle betrifft im Fall des Scheiterns von Versuchen, Gesetze für eine intendierte Anwendung nutzbar zu machen, die Vermutung, daß diese intendierte Anwendung unvollständig beschrieben worden ist. (Vgl. die etwas ausführlichere Schilderung in Bd. I, S. 1044, mit dem Beispiel des Planeten Neptun, dessen ‚theoretische Entdeckung' seiner ‚empirischen Entdeckung' vorausging.)

(4) Einen wichtigen Faktor bildet auch die prinzipielle Offenheit der Menge der intendierten Anwendungen, deren versuchsweise vorgenommene Erweiterungen wieder rückgängig gemacht werden können. NEWTON war davon überzeugt, daß sich seine Partikelmechanik einmal auch als taugliches Instrument zur Erklärung der Lichtphänomene erweisen würde. Als sich die Wellentheorie des Lichtes durchsetzte, hätte man selbst dann, wenn für diese Wellentheorie schlüssige Beweise vorgebracht worden wären, nicht behaupten können, die Theorie NEWTONS sei damit widerlegt, sondern hätte sich mit der Feststellung begnügt, mit der man sich auch de facto begnügte, nämlich „Lichtvorgänge bestehen nicht in Partikelbewegungen", was nichts anderes besagt als daß die Lichtphänomene aus den intendierten Anwendungen der Theorie NEWTONS zu entfernen sind.

(5) Eine letzte Variante werden wir in Kap. 8 bei der Erörterung der Approximationsprobleme kennenlernen. Hier nur eine vorbereitende Erläuterung: Wenn man eine Behauptung von der Gestalt, daß eine vorgegebene Aussage A in einem bestimmten Bereich *exakt gilt*, durch die schwächere Forderung ersetzt, daß A in dem fraglichen Bereich *approximativ gilt*, so hat die Abschwächung ihren Grund darin, daß für A ein Immunitätsspielraum eingeführt wird bzw. in Verallgemeinerung davon: daß ein bereits vorhandener Immunitätsspielraum vergrößert wird.

Größere Schwierigkeiten bereitet das Inkommensurabilitätsproblem. FEYERABEND hat recht mit seinen diesen Punkt betreffenden kritischen Bemerkungen in [Changing Patterns], daß dieses Problem in II/2 nicht gelöst worden ist. *Eine* Schwierigkeit besteht hier bereits darin, das Problem selbst so genau zu formulieren, daß es einer präzisen Behandlung fähig wird. Es ist das Verdienst von D. PEARCE, zu dieser Präzisierung erheblich beigetragen zu haben, wenn auch in polemischer Absicht. In Kap. 10 soll sein Argument und die Erwiderung darauf zur Sprache kommen. Auch in diesem Zusammenhang wird die Rolle globaler Strukturen und ihrer Vergleichbarkeit große Bedeutung erlangen.

KUHNS dritte epistemologische Herausforderung hat sich anscheinend erst in den allerletzten Jahren deutlich herauskristallisiert, und zwar vor allem in einer Reihe von höchst anregenden und stimulierenden Diskussionen zwischen ihm und Carl G. HEMPEL. Man könnte das, worum es dabei geht, *die modernste Fassung des traditionellen Induktionsproblems* nennen. Wir werden in Kap. 13

darauf zu sprechen kommen und dort zwar nicht beanspruchen, eine definitive
Lösung zu liefern, aber doch zu verdeutlichen suchen, daß die begründete
Vermutung besteht, bei weiterem Fortschreiten innerhalb des strukturalisti-
schen Rahmens eine adäquate Lösung zu finden.

1.8 Bemerkungen zur Kritik von K. Hübner am strukturalistischen Theorienkonzept und insbesondere am Begriff der T-Theoretizität

K. Hübner hat das Kap. XII seines interessanten Buches [Kritik] der
Auseinandersetzung mit dem hier vertretenen Konzept gewidmet. Im Zentrum
seiner Betrachtungen steht die neue Theoretizitätsauffassung. Auf diese werden
wir uns hauptsächlich konzentrieren. Es wird sich dabei herausstellen, daß
verschiedene andere Themen, die Hübner zur Sprache bringt, ohnehin in diese
Diskussion mit einbezogen werden müssen.

Hübner beginnt mit einer Schilderung der Methode von Suppes, die
mathematische Struktur einer Theorie mit Hilfe eines mengentheoretischen
Prädikates darzustellen, und illustriert diese Methode, in Anknüpfung an das
Vorgehen in II/2, am Beispiel der klassischen Partikelmechanik *KPM*. Ebenso
werden die drei Grundbegriffe von Sneeds ‚informeller Semantik‘, nämlich die
Begriffe des Modells, des potentiellen Modells sowie des partiellen potentiellen
Modells, erläutert. Auf S. 293 wird dann die Grundidee des Sneedschen
Theoretizitätskriteriums geschildert. (Allerdings wird dabei nicht ausdrücklich
die Relativität auf jeweils eine ganz bestimmte Theorie unterstrichen, wonach
nur „*T*-theoretisch“, nicht aber „theoretisch“ ein sinnvolles Prädikat ergibt.)
Schließlich wird für den allgemeinen Fall die Struktur elementarer empirischer
Aussagen geschildert, nämlich „*a* ist ein *S*“, wobei „*S*“ das eine Theorie *T*
ausdrückende mengentheoretische Prädikat ist.

Die Kritik auf S. 294 beginnt mit zwei Fragen. In der ersten Frage wird
betont, daß nicht einleuchtet, warum die erfolgreiche Anwendung der Theorie,
von der solche Größen abhängen, in die Theoretizitätsdefinition Eingang finden
muß. Und unmittelbar darauf wird, bezugnehmend auf das konkrete Beispiel,
die Fragwürdigkeit der These von der Theorienunabhängigkeit von Raum und
Zeit hervorgehoben.

Beide Fragen zusammen legen die Vermutung nahe, daß gewisse irreführen-
de Formulierungen in II/2 den Anlaß für Fehldeutungen gegeben haben. Da sich
Hübner in seiner Schilderung abwechselnd auf zwei Ebenen bewegt, nämlich
zum Teil auf der Ebene der *speziellen* Wissenschaftstheorie mit dem explizit
definierten Prädikat „*KPM*“ und zum Teil auf der abstrakteren Ebene der
allgemeinen Wissenschaftstheorie mit der Variablen „*S*“, die über alle Theorien
ausdrückende mengentheoretische Prädikate läuft, wollen auch wir hier beide
Ebenen in Betracht ziehen. Unter psychologischem Gesichtspunkt ist dies sogar
zweckmäßig. Denn es dürfte empfehlenswert sein, den Prozeß der Gewinnung
des rechten Verständnisses von Sneeds Begriff der *T*-Theoretizität in zwei

Schritte zu zerlegen, wobei der erste den allgemeinen Begriff und die daraus ableitbaren Folgerungen betrifft (Stufe I) und der zweite die auf spezielle Theorien T bezogene Behauptung zum Inhalt hat, daß diese und diese in T vorkommenden Größenterme T-theoretisch im Sinn von SNEED sind (Stufe II).

(1) Wir beginnen mit dem ersten. SNEED hat nicht eine neue Theoretizitätsdefinition mehr oder weniger willkürlich vorgeschlagen. Den historischen Ausgangspunkt seiner Überlegungen bildete eine *Schwierigkeit*, auf die man stößt, wenn man mit Hilfe des Apparates einer Theorie der mathematischen Physik *empirische Aussagen* formulieren möchte. Als Schüler von SUPPES war er mit der Methode vertraut gemacht worden, diesen mathematischen Apparat in einfacher und eleganter Weise für die Definition eines mengentheoretischen Prädikates, etwa „S", zu benützen, welches die in axiomatisierter Gestalt präsystematisch vorliegende Theorie, etwa „T", ausdrückt. Sofern man dieses Verfahren benutzt, kann man sofort angeben, von welcher Beschaffenheit die mittels dieser Theorie formulierbaren Aussagen von einfachster Gestalt sein müssen, nämlich: es muß sich um Atomsätze handeln, die „S" als einziges Prädikat enthalten, also um Sätze der Form „c ist ein S" (wobei vorausgesetzt wird, daß c eine Entität von solcher Art ist, für welche die Anwendung dieses Prädikates zwar fraglich, aber doch sinnvoll ist).

Als empirische Aussage muß „c ist ein S" empirisch nachprüfbar sein. Und da im Definiens von „S" Größenterme vorkommen, müssen die durch sie bezeichneten Größen empirisch meßbar sein. Nun glaubte SNEED, feststellen zu können, daß in allen modernen physikalischen Theorien – spätestens seit der klassischen Partikelmechanik in Newtonscher Fassung – Größen auftreten, für welche eine derartige empirische Messung nicht möglich ist, ohne daß man dabei in einem Zirkel landet. Und zwar deshalb nicht, weil man zwecks Durchführung des Meßprozesses eine Aussage *von eben dieser Form*, also etwa „c^* ist ein S" als richtig unterstellen muß.

Es ist nun außerordentlich wichtig, an dieser Stelle nicht mit einem voreiligen Einwand zu kommen, etwa einer Entgegnung von folgender Art: „Aber das *kann* doch nicht stimmen; SNEED *muß* sich hier geirrt haben!" Wenn man das, was oben „Erwerb des Verständnisses des Begriffs der T-Theoretizität" genannt wurde, in der vorgeschlagenen Weise in die beiden Stufen zerlegt, dann spielt es vorläufig keine Rolle, ob SNEED sich geirrt hat oder nicht. Denn wir befinden uns erst auf der Stufe I und alles, was hier gesagt wird, dient nur dazu, das Zustandekommen der neuen Theoretizitätsauffassung sowie die endgültige Definition verständlich zu machen. Sollte sich SNEED wirklich geirrt haben – und zwar in dem fundamentalen Sinn, daß diese Zirkularität *niemals* auftritt –, so würde dies noch immer nicht gegen seine Definition sprechen. Man könnte dann allerdings behaupten, daß sie keine praktische Bedeutung habe, da dann jede Aussage von der Gestalt „*diese* in der Theorie T^* vorkommende Größe ist T^*-theoretisch" falsch wäre. Etwas technischer ausgedrückt; „T-theoretisch" wäre zwar ein sinnvoller, aber extensional leerer Begriff.

Tatsächlich jedoch dürfte SNEED eine zutreffende und wichtige Beobachtung gemacht und dabei eine Schwierigkeit entdeckt haben, welche die Größenordnung einer Antinomie besitzt. Daher sollen dazu auch Parallelen gezogen werden. Wir beginnen gleich mit einer von diesen: Die obige Warnung vor einem voreiligen Einwand war kein überflüssiges Einschiebsel, sondern wurde mit voller Absicht und in Erinnerung daran ausgesprochen, wie es sich im Antinomienfall verhalten hat und häufig noch verhält. Machen wir etwa die – zur heutigen Zeit sehr unrealistische – Annahme, daß ein Fachmann einer rein deduktiven Disziplin, etwa ein Mathematiker, noch nie etwas von einer Antinomie gehört hat. Wenn ihm jemand erzählt, daß es Sätze gibt, die sowohl beweisbar als auch widerlegbar sind, wird er dies für einen Unsinn halten und vermutlich nicht einmal bereit sein, weiter zuzuhören. Denn er wird als sicher annehmen, nur irgend einen raffiniert verschlüsselten Nonsens zu hören zu bekommen, und keine Lust verspüren, das ‚offenbar dahinter steckende Sophisma' entdecken und analysieren zu müssen.

Die zuletzt geschilderte Haltung *war* vermutlich durch lange Zeit –Jahrhunderte? Jahrtausende? – die *normale* Einstellung von Philosophen gegenüber den semantischen Antinomien. Ihre Schilderung war meist bloß als ein Mittel zur philosophischen Volksbelustigung gedacht, nämlich als Illustration dessen, ‚was sich sophistische Philosophen für Verrücktheiten ausdenken'. (Als sichtbares Symptom dafür läßt sich die unglaubliche Sorglosigkeit in gängigen philosophischen Formulierungen von Antinomien anführen. Vermutlich hat LUKASIEWICZ die erste korrekte Fassung der Wahrheitsantinomie geliefert. Demgegenüber kann man bis in die Gegenwart solche Schilderungen der Antinomie des Lügners finden, in denen ein Kreter sagt: „alle Kreter lügen immer", was mit einer Antinomie nicht das geringste zu tun hat, da es sich hierbei um nichts weiter handelt als um das Beispiel einer logisch widerlegbaren Aussage.)

Diese Abschweifung in die Antinomien findet ihre einzige Rechtfertigung darin, die obige Empfehlung zu akzeptieren, den geschilderten Zirkel zunächst einmal – ob man an sein Auftreten glaubt oder nicht – ernst zu nehmen und ihn nicht von vornherein als eine ‚Verrücktheit, die sich die Strukturalisten ausgedacht haben', beiseite zu schieben. Und dieses Ernstnehmen bedeutet insbesondere auch, sich über die Folgen klar zu werden, die dieses Phänomen bei Auftreten nach sich zieht.

Wäre der Leser nicht bereits durch die ausführliche Diskussion in 1.3.2 vorbereitet, so würde er jetzt vermutlich ungeduldig fragen: „Und was hat dies alles mit dem neuen Kriterium für Theoretizität zu tun?" Nun: Im Grunde sind wir bereits zum Kern dieses Kriteriums vorgestoßen. Wir haben nur aus didaktisch-psychologischen Erwägungen *die Reihenfolge der Darstellung umgekehrt.* In der systematischen Behandlung wird zunächst einmal die neue Definition für *T*-Theoretizität ‚hingeknallt'; es wird dann behauptet, daß es in physikalischen Theorien solche Größen bzw. Terme gibt; und es wird schließlich auf diejenige Schwierigkeit aufmerksam gemacht, die SNEED „das Problem der theoretischen Terme" nennt. Dies ist genau die Schwierigkeit, von der wir hier ausgegangen sind, *ohne* vorher den Begriff „theoretisch" einzuführen. Denn diese Schwierigkeit bildete SNEEDS neue Entdeckung.

Auf sie müssen wir nun nochmals genauer zu sprechen kommen. Um die Sache zu vereinfachen, nehmen wir an (so wie in 1.3.2), daß das die Theorie ausdrückende Prädikat nur endlich viele Anwendungen hat. (Dies ist keine künstliche Annahme. Es wird nur wenige Physiker geben, die annehmen, daß die Theorie *KPM* aktual unendlich viele Anwendungen besitzt. Sollte dies dennoch der Fall sein, so müßte dem Wort „Zirkel" stets die Wendung „oder unendlicher Regreß" beigefügt werden.) Unsere Theorie spreche über Größen; das sie ausdrückende Prädikat „*S*" enthalte also im Definiens entsprechende Größen-terme. Die empirische Nachprüfung von „*c* ist ein *S*" vollzieht sich nach obigem Muster. In der Regel wird man *alle* in „*S*" vorkommenden Größen für die Überprüfung messen müssen. Dieser Regelfall liege vor. Bei gewissen Größen treten dabei keine Schwierigkeiten auf. Dies bedeutet: Man wird für ihre Messung zwar gewisse *andere* ‚zugrunde liegende' Theorien als gültig unterstellen müssen; dagegen braucht man bei dieser Messung keinen Gedanken an die spezielle Theorie *T* zu verschwenden, die den Gegenstand unserer Überlegungen bildet (und bezüglich deren die zu überprüfende elementare Aussage mit Hilfe des diese Theorie ausdrückenden Prädikates „*S*" formuliert wurde). Im Fall der Miniaturtheorie *AS* (archimedische Statik) von 1.3.2 war die Abstandsmessung ein Beispiel für einen solchen unproblematischen Fall: Man braucht nicht vorauszusetzen, daß *AS* gültige Anwendungen besitzt, um den Abstand zwischen zwei Gegenständen zu bestimmen. Im Fall von *KPM* sind Orts- und Zeitmessungen ähnliche unproblematische Fälle; sie setzen die Gültigkeit von *KPM* nicht voraus. Derartige Größen *nennt* SNEED *T*-nicht-theoretische Größen mit *T* als der in Frage stehenden Theorie.

Damit beantwortet sich die oben erwähnte zweite Frage von HÜBNER auf S. 294. Hier ist die erwähnte Korrektur anzubringen: Von theorieabhängigen Größen schlechthin kann man im Sneed-Formalismus überhaupt nicht sprechen. Denn man muß stets die Theorie, auf die man sich bezieht, angeben. An keiner Stelle wurde, wie HÜBNER meint, behauptet, „daß Raum und Zeit keine theorieabhängigen Größen sind", sondern nur, daß sie keine *KPM*-abhängigen Größen sind. Würde man die *KPM* ‚unmittelbar zugrunde liegenden' Theorien ebenfalls präzise rekonstruieren, dann würden sich – das kann man mit Sicherheit, wenn hier auch nur ganz dogmatisch behaupten – auch räumliche und zeitliche Länge als theoretisch erweisen, nämlich als theoretisch *relativ auf* diese zugrunde liegenden Theorien der physikalischen Geometrie und der Zeit. Nach der Terminologie von Kap. 2 würde *KPM* eine *Theoretisierung* dieser eben als zugrunde liegend bezeichneten Theorien bilden, da die partiellen Modelle von *KPM* Modelle dieser Theorien wären. (Es ist ein besonderer Vorzug des von SUPPES eingeschlagenen Weges der Axiomatisierung physikalischer Theorien, daß man dabei direkt mit Theorien von relativ hoher Abstraktionsstufe beginnen kann, *ohne* solche ‚zugrunde liegenden' Theorien selbst im Detail axiomatisch zu formulieren. Dies wurde insbesondere im Fall von *KPM* getan.)

Mit der Verwendung des Wortes „theoretisch" haben wir bereits die andere Alternative vorweggenommen: In denjenigen Fällen nämlich, in denen die Messung die Gültigkeit einer Aussage von genau derselben Gestalt und mit

genau demselben Prädikat voraussetzt, *nennt* SNEED die fragliche Größe eine
T-theoretische Größe. Damit beantwortet sich die erste oben geschilderte Frage
von HÜBNER, welche die Definition theoretischer Größen betrifft, nämlich:
„Warum muß die erfolgreiche Anwendung der Theorie, von der solche Größen
abhängen, in die Definition eingehen?" Zunächst eine Nebenbemerkung:
Eingehen *müssen* tut in eine Definition gar nichts. Auch SNEEDS Definition
beansprucht für sich keine Ausnahme vom Festsetzungscharakter einer Definition. Daß es ihm als zweckmäßig erschien, das Auftreten der beschriebenen
Zirkularität zum Kriterium für T-Theoretizität zu machen, hat seinen Grund
darin, daß er ‚Putnams Herausforderung', wie ich dies nannte, vor Augen hatte.
Nach herkömmlicher empiristischer Auffassung ist es ja, etwas überspitzt
formuliert, eine Aufgabe für Schriftgelehrte, herauszufinden, ob ein Term
theoretisch sei oder nicht. Denn auf *rein sprachlicher* Ebene wird dort die
Dichotomie theoretisch – nicht-theoretisch eingeführt. Wie PUTNAM mit Recht
hervorhob, würde man doch erwarten, daß theoretische Größen durch die Rolle
zu charakterisieren seien, die sie in der Theorie spielen, in der sie vorkommen. Bei
dem eben erwähnten linguistischen Vorgehen ist diese Erwartung natürlich
prinzipiell unerfüllbar. Bei SNEED hingegen *ist* es genau die angegebene Rolle, die
als Theoretizitätsmerkmal gewählt wird. (Ob und inwieweit sich seine Theoreti-
zitätsvorstellung dabei mit der anderer Philosophen deckt, ist eine historische
Frage, von der wir hier ganz absehen wollen.) Deshalb ist es keine überflüssige
Pedanterie, den Buchstaben „T" in „T-theoretisch" mitzuschleppen. Denn ein
und derselbe Term kann in bezug auf eine Theorie T_1 theoretisch, in bezug auf
eine andere Theorie T_2 hingegen nicht-theoretisch sein. Wenn man als T_1 die
Mechanik und als T_2 die Thermodynamik wählt, bildet vermutlich der *Druck* ein
Beispiel dafür.

Kehren wir nochmals für einen Augenblick zum vitiösen Zirkel zurück. Da er
bereits in 1.3.2 ausführlich zur Sprache kam, sind wir hier relativ rasch über ihn
hinweggegangen. Nehmen wir also an, daß eine T-theoretische Größe zu messen
ist, um die elementare Aussage „c ist ein S" empirisch zu prüfen. Wir gelangen
dann mit Sicherheit an einen Punkt, an dem eine Aussage „d ist ein S" als richtig
angesetzt werden muß. *Wie* man u. U. sehr rasch an einen solchen Punkt gelangt,
haben wir uns in 1.3.2 an einem dortigen Miniaturbeispiel klargemacht (das,
woran nochmals erinnert sei, nur unter der dortigen ad-hoc-Annahme (α)
funktioniert). Bezüglich „d ist ein S" müssen wir natürlich wieder die empirische
Überprüfung verlangen usw. Da wir den Unendlichkeitsfall ausgeschlossen
haben, müssen wir irgendwo einmal zu einer Aussage zurückkehren, *die zu
überprüfen wir bereits einmal begonnen hatten.*

Nehmen wir an, dies sei die ursprüngliche Aussage:

(A) c ist ein S.

(Die ‚Schleife' *muß nicht* an diesem Punkt in sich zurückkehren, aber sie *kann* es;
und dies genügt für unsere Zwecke.)

Vor welcher Situation stehen wir dann? Dies wissen wir ganz genau: Diese
Aussage (A) sollte doch empirisch überprüft werden. Und um sie zu überprüfen,

sind wir in der Kette der Voraussetzungen zu (A) selbst zurückgekehrt. Wir können dieses Resultat festhalten in der folgenden Feststellung:

(B)   Um empirisch überprüfen zu können, *ob* „c ist ein S" richtig ist, müssen wir *voraussetzen, daß* „c ist ein S" richtig ist.

Dies ist eine geradezu klassische Manifestation eines vitiösen Zirkels. Welche Folgen sich aus dieser Paradoxie ergeben, wollen wir weiter unten erörtern. Vorher aber soll nochmals kurz die Analogie zu den Antinomien zur Sprache kommen. So interessant diese Analogie ist, so wichtig ist es natürlich, sie nicht zu überstrapazieren. Wir haben an früherer Stelle von einer Schwierigkeit gesprochen, welche ‚die Größenordnung einer Antinomie' hat. Diese vorsichtige Formulierung ist bewußt gewählt worden, weil die Schwierigkeit, wie wir soeben im Detail feststellten, eine andere logische Struktur hat. Handelt es sich bei einer Antinomie darum, einen Satz sowohl beweisen als auch widerlegen zu können, so liegt in unserem Fall ein logischer Zirkel vor. Zwei weitere Unterschiede seien noch erwähnt.

Der erste betrifft die Art der Argumentationsschritte. Um die Antinomie von RUSSELL oder die Wahrheitsantinomie formulieren zu können, braucht man keinerlei epistemologische Begriffe. Anders im vorliegenden Fall. Hier geht der Gedanke der *empirischen Nachprüfung durch Messung* wesentlich in die präzise Fassung des Theoretizitätskriteriums und damit in die daraus resultierende Paradoxie ein. Aus Gründen der Klarstellung sowie der Abgrenzung wäre es daher vielleicht zweckmäßig, im vorliegenden Fall nicht von einem logischen, sondern von einem *epistemologischen Zirkel* zu sprechen. Die prägnanteste und vermutlich kürzeste Fassung des Sneedschen Kriteriums erhält man, wenn man, wie bereits in 1.3.2 geschehen, im Vorgriff auf Kap. 6 BALZERS Begriff des Meßmodells benützt, der so weit gefaßt ist, daß er alle bekannten Vorrichtungen zur Messung umfaßt, insbesondere auch die Balkenwaage von 1.3.2. Die Formulierung lautet dann: „Eine Größe t ist bezüglich einer Theorie T theoretisch (oder: T-theoretisch) genau dann, wenn jedes Meßmodell für t bereits ein Modell der Theorie T ist." (Das Wort „Modell" ist hier natürlich so zu verstehen, daß es gleichbedeutend ist mit „Extension des die Theorie T ausdrückenden mengentheoretischen Prädikates ‚S'".) Es ist jetzt unmittelbar klar, daß Aussagen, in denen eine T-theoretische Größe t wesentlich vorkommt[5], keine empirischen Aussagen sein können.

Ein letzter Unterschied betrifft die Art des Auftretens des Problems. Er zeigt, daß die gegenwärtige Schwierigkeit in einem genau angebbaren Sinn dramatischer ist als es die Antinomien sind. Von den letzteren fühlten sich in der Regel nur Philosophen und Grundlagenforscher betroffen, nicht jedoch die zuständigen Fachleute. Denn die Antinomien traten niemals im Zentrum, sondern nur an der Peripherie der Forschung auf. Im einen Fall (Mengenlehre) handelte es sich

---

5   Das „wesentlich" ist im logischen Sinn zu verstehen. Es sollen dadurch nur diejenigen Fälle ausgeschlossen werden, in denen man die fragliche Aussage durch eine logisch äquivalente ersetzen kann, die t nicht enthält.

um ‚riesige' Mengen, auf die der mengentheoretisch arbeitende Mathematiker niemals stößt (wie die Cantorsche Allmenge, die Russellsche Menge aller Normalmengen oder die Burali-Fortische Menge aller Ordinalzahlen); im anderen Fall (Semantik) war es wesentlich, daß die fragliche Sprache selbstreferentielle Ausdrücke enthält, was auch keinen Normalfall darstellt. SNEEDS Problem der T-theoretischen Terme hingegen tritt tatsächlich im Zentrum der Forschung auf. Es betrifft, wie wir gesehen haben, sogar die elementarsten Aussagen, die man mittels der Theorie formulieren kann.

(2) Wir gehen nun zur Stufe II über. Alles bisher Gesagte diente nur der Begriffsklärung und der Veranschaulichung. Die Frage blieb offen, ob SNEED mit seiner Vermutung recht behält, daß in jeder modernen physikalischen Theorie T T-theoretische Größen vorkommen. So etwas wie eine Begründung haben wir für die Miniaturtheorie von 1.3.2 unter einer gewissen Annahme gegeben. Wir haben dort das neue Theoretizitätskonzept anhand des Problems selbst erläutert. Um nochmals den dabei wesentlichen Punkt zu wiederholen: Jemand zeigt auf eine im Gleichgewicht befindliche Kinderwippschaukel mit darauf sitzenden Kindern und behauptet:

(i) „Dies ist eine archimedische Statik"

(Wenn er die explizit axiomatisierte Stufe mit dem Prädikat AS nicht vor Augen hat, wird er den Satz natürlich etwas anders ausdrücken, wie etwa: „dies ist ein Beispiel für eine archimedische Statik" u. dgl.) Und er wird meinen, mit dieser Behauptung eine sehr einfache empirische Aussage formuliert zu haben. Darin irrt er sich jedoch. Wenn man „empirisch" so versteht, daß (i) empirisch nachprüfbar ist, so kann (i) keine empirische Aussage sein. Der imaginäre Dialog mit einem empiristischen Opponenten in 1.3.2 sollte dies klarstellen: Um (i) zu testen, muß man die Gewichte der auf der Schaukel sitzenden Kinder bestimmen, und zwar mit Hilfe von Balkenwaagen. Der empiristische Einwand, daß für die Durchführung dieser Prozedur doch die Gültigkeit von AS nicht vorausgesetzt zu werden brauche, erwies sich als Irrtum. Diese Gültigkeitsannahme steckte in der stillschweigend gemachten oder vielleicht sogar verschämt zugestandenen Voraussetzung, daß die Waage korrekt funktioniere. Sie funktioniert aber *nur dann* korrekt, wenn sie selbst ein AS ist. Womit wir wieder nur den zu einem Zirkel führenden Schritt vollzogen haben.

Anmerkung. Es ist vielleicht der zusätzlichen Klarstellung dienlich, an dieser Stelle ein paar Bemerkungen zu demjenigen Teil der sehr eingehenden Diskussion des strukturalistischen Konzeptes von P. HUCKLENBROICH in [Reflections] einzufügen, der dem Begriff der T-Theoretizität gewidmet ist. HUCKLENBROICH beginnt seine Kritik mit der Vermutung, daß innerhalb des strukturalistischen Ansatzes nicht klar unterschieden werde zwischen Messungen auf der einen Seite und Theorien der Messung auf der anderen Seite. Und er fährt fort: Wenn eine Messung oder ein Experiment durchgeführt wird, welches zu einem ‚Protokollsatz' führt, so sei doch die Formulierung dieses Satzes offenbar möglich, und zwar ganz unabhängig davon, ob dieser Protokollsatz als Folge der Theorie (plus anderer Sätze) oder einer Methode der Beschreibung der Messung gewonnen worden ist. Ansonsten würden Meßmethoden in den Naturwissenschaften gar nicht benötigt werden. Und wenn andererseits eine derartige Deduktion stattfinde, dann ersetze sie nicht den Meßvorgang, sondern beinhalte ein zusätzliches theoretisches Resultat.

Da in den weiteren Überlegungen von HUCKLENBROICH diese Gedanken fortgesponnen werden, genügt es, darauf hinzuweisen, was hier mißverstanden worden ist. Erstens ist der Vorwurf der fehlenden Unterscheidung unberechtigt. Es ist stets nur von *Messungen* die Rede, wobei allerdings, um die Meßresultate benützbar zu machen, an bestimmten Punkten theoretische Unterstellungen zu berücksichtigen sind (vgl. unten). Eine Verwechslung der fraglichen Art ist schon deshalb ausgeschlossen, weil die einschlägigen ‚Theorien der theoriegeleiteten Messungen‘ noch gar nicht oder höchstens in Ansätzen existieren (letzteres etwa in der Schrift [Messung] von W. BALZER.)

Zweitens unterläuft HUCKENBROICH in seiner zweiten Feststellung derselbe Irrtum, der empiristischen Opponenten häufig unterlaufen ist, wenn sie das von Strukturalisten verwendete Wort „voraussetzen" deuten. Er glaubt offenbar, dieses Wort sei in dem – tatsächlich oft benützten – *laxen* Sinn von „als Prämisse (für eine Deduktion) voraussetzen" zu verstehen. Die Wendung „*A* setzt *B* voraus" würde dann besagen: „*A* ist aus *B* sowie weiteren Sätzen ableitbar". (Für „*A*" kann man den von ihm erwähnten ‚Protokollsatz‘ einsetzen und für „*B*" die fragliche Theorie.). Aber es ist nicht dieser laxe Gebrauch, der z.B. bereits in II/2, S. 45ff. die Bedeutung von „Voraussetzung" bestimmte. Es wurde und wird stets der *strenge* Sinn zugrunde gelegt, wonach „*A* setzt *B* voraus" bedeutet: „aus *A* folgt logisch *B*".

In unserem Fall ist das Vorausgesetzte, also das Gefolgerte, die Gültigkeitsbehauptung der fraglichen Theorie. Dies sei nochmals am Beispiel von *AS* erläutert, wobei wir davon ausgehen, der Satz (I) von 1.3.2 werde u.a. durch Bestimmung der Gewichte der auf *a* befindlichen Objekte überprüft. Der Experimentator untersuche mittels einer Balkenwaage das Gewicht des Kindes *x* und erhalte als Wert das Gewicht *g*. Das ‚*Gewicht*‘? Woher nimmt er denn das Recht, den erzielten Meßwert „Gewicht" zu nennen? Falls er später den versteckten Elektromagneten entdeckt, der es verhinderte, daß sich die Seite der Waage, auf der sich das Eisengewicht befand, senkte, wird er zugeben, dieses Recht nicht besessen zu haben; denn er hatte durch seine Untersuchung eben nicht *das Gewicht im Sinne der archimedischen Statik* bestimmt. Es wäre dann besser gewesen, ein anderes Wort zu verwenden, etwa „Blabla". Der ‚Protokollsatz‘: „der Wert von Blabla für *x* beträgt *g*" wäre aber bei der Überprüfung von (I) ohne jeden Nutzen gewesen. Nur dann, wenn er davon überzeugt ist, mit Recht unterstellen zu dürfen, daß sein Gebilde *b* ein *AS* ist, kann das Meßresultat für die Überprüfung von (I) dienlich sein. Aber damit haben wir wieder die zirkuläre Situation: Nur dann, wenn die Gültigkeit von *AS* bereits unterstellt wird, kann sie überprüft werden. (Wir erinnern daran, daß wir die Methode der mengentheoretischen Prädikate benützten und daß daher die Gültigkeitsbehauptung bezüglich einer Theorie nur eine intuitiv einprägsame Art und Weise ist, die Behauptung auszudrücken, daß es Wahrheitsfälle des diese Theorie ausdrückenden Prädikates gibt.)

Möglicherweise ist es von Nutzen, die Hypothesen über das korrekte Funktionieren eines Meßinstrumentes, welches zur Nachprüfung der empirischen Behauptungen einer Theorie *T* dienen soll, in zwei Klassen zu zerlegen. Zur einen Klasse gehören diejenigen Hypothesen, welche in dem Sinn *unproblematisch* sind, daß sie nur die Gültigkeit empirischer Behauptungen *anderer*, ‚zugrunde liegender‘ Theorien voraussetzen. Zur zweiten Klasse gehören die *problematischen* Hypothesen, in welchen die Gültigkeit der (angeblich) erst zu testenden Theorie vorausgesetzt wird. Dieser zweite Fall ist immer dann gegeben, wenn die Werte *T*-theoretischer Größen im Sinn von SNEED zu bestimmen sind. Zweckmäßigerweise prägt sich der Leser bereits an dieser Stelle, d.h. vor der genaueren Begriffsbestimmung in Kap. 6, die ‚Balzersche Formel‘ ein, wonach eine Größe in diesem Sneedschen Sinn genau dann *T*-theoretisch ist, wenn jedes Meßmodell für diese Größe (bereits) ein Modell von *T* ist.

Aber, so wird HUCKLENBROICH, gestützt auf seine Überlegungen (a.a.O. S. 286) vermutlich argumentieren: „Es ist doch nicht zu leugnen, daß es Meßverfahren für die Kraft- und Massenfunktion *gibt* und daß daher die einschlägigen Experimente *tatsächlich durchgeführt* werden können." Niemand leugnet dies. Es fragt sich nur, wozu diese Experimente dienen sollen. Angenommen, ein derartiges Experiment soll dazu benützt werden, um das zweite Axiom von NEWTON zu überprüfen. Dann allerdings lautet die Antwort: Unter der Voraussetzung, daß die Vermutung SEEDs bezüglich *m* und *f* in der Theorie *KPM* zutrifft[6], ‚machen sich diese Leute selbst

---

6   Damit an dieser Stelle nicht ein ‚formales‘ Mißverständnis auftritt, sei hervorgehoben, daß das mengentheoretische Prädikat „*KPM*" auf die Axiomatisierung von MCKINSEY et al. zurückgreift und daß im Rahmen dieser Axiomatisierung das zweite Axiom von NEWTON gemäß unserer Sprechweise das Fundamentalgesetz dieser Theorie ist.

einen blauen Dunst vor'. Hier stößt man tatsächlich auf einen Widerspruch in der Deutung menschlichen Handelns durch SNEED und seine Opponenten. Forscher, ‚die ausziehen, um das zweite Axiom von NEWTON auf seine empirische Richtigkeit hin zu überprüfen, es also möglicherweise zu falsifizieren', wären nach SNEED als Menschen zu bezeichnen, die einer Illusion nachlaufen. Es wird sich die analoge Situation ergeben wie im Fall von AS (dort nur unter der Zusatzannahme (α)). Entweder werden diese Experimentatoren wirklich KPM-unabhängige Messungen vornehmen. Dann wird ihnen jegliches Recht fehlen, die Meßresultate als Werte der Funktionen m und f zu betrachten, sie in einem weiteren Schritt in die Newtonsche Gleichung einzusetzen und nachzusehen, ‚ob diese Gleichung stimmt'. Oder aber sie messen Werte dieser beiden Größen. Dann können sie das Recht, so zu reden, nur davon ableiten, daß sie an mindestens einer Stelle ihrer Experimente eine Entität benützt haben, von der sie stillschweigend oder ausdrücklich voraussetzen, daß diese das zweite Axiom von NEWTON erfüllt; denn jedes Meßmodell für m und ebenso jedes für f ist ein Modell von KPM. Es ergeht ihnen mit diesem Prinzip wie dem Hasen mit dem Igel. Wie sehr sie sich auch abmühen, das Prinzip zu testen – sie gelangen stets an eine Stelle, wo ihnen dieses Fundamentalgesetz hohnlachend entgegenruft: „Ick bün al hier!"

(Abermals ist man versucht, eine psychologische Parallele zu den Antinomien zu ziehen. In einem rational denkenden Menschen wehrt sich etwas dagegen, zuzugeben, daß widerspruchsvolle Aussagen existieren, die zugleich beweisbar sind. Also hat man durch endlos lange Zeit hindurch immer wieder Pseudoerklärungen dafür zu geben versucht, wieso der *Schein* einer Antinomie auftrete, wo es doch ‚wirkliche Antinomien gar nicht geben kann'. In ähnlicher Weise wehrt sich etwas in uns gegen das Zugeständnis, im empirischen Forschungsverhalten auf Zirkel zu stoßen. Also versucht man, Pseudoerklärungen dafür zu liefern, wieso in den Köpfen der Strukturalisten der *Schein* eines Zirkels zustande kommt, ‚wo es doch in der Realität so etwas nicht geben kann, weil es das nicht geben darf'.)

Noch ein Hinweis zu einer historischen Bemerkung: Auf S. 286 von [Reflections] vertritt HUCKLENBROICH, bezugnehmend auf ein Zitat bei K. POPPER, [Forschung], S. 69, die Auffassung, daß diese Beobachtung im Prinzip bereits von POPPER gemacht worden sei. Dazu kann ich nur sagen: Es erscheint mir als ungeheuer unplausibel, daß man diese Stelle bei POPPER so interpretieren darf. Denn dies hieße nichts Geringeres, als daß POPPER behauptet haben sollte, man stoße in den Naturwissenschaften immer wieder auf Situationen, die man in Aussagen der obigen Gestalt (B) festhalten kann, ohne daß er deren Zirkularität erkannt hätte; m.a.W. man müßte POPPER unterstellen, er habe nicht entdeckt, daß ein in folgender Weise zu beschreibendes Vorhaben: „um herauszubekommen, ob dieses Ding die Eigenschaft F besitzt, muß man bereits voraussetzen, daß eben dieses Ding die Eigenschaft F hat" zirkulär ist.[7] Ich vermute eher, daß die dort zitierte Stelle auf ein interessantes Phänomen aufmerksam macht, auf welches man erst stößt, wenn man nicht Theorien in Isolierung, sondern zusammen mit den zwischen ihnen bestehenden intertheoretischen Relationen betrachtet. Dieselbe Vermutung gilt auch für die dort zitierte Stelle bei LAKATOS [Research Programmes], S. 130. Wenn diese Vermutung stimmt, dann gehören diese Betrachtungen nicht in den Kontext „T-Theoretizität", sondern in einen anderen, dem man die Bezeichnung „globale Struktur intertheoretischer Relationen" geben könnte. Während bisher von den ‚Strukturalisten' zu diesem Thema kaum etwas Nennenswertes gesagt worden ist, sind in diesem Buch dafür die Betrachtungen von Kap. 9 einschlägig, insbesondere die mehr philosophischen Überlegungen, die sich vor allem im zweiten Teil dieses Kapitels finden. Das ‚interessante Phänomen', auf welches POPPER möglicherweise aufmerksam machen wollte, betrifft die Möglichkeit, daß man bei genauer Analyse intertheoretischer Beziehungen nicht unbedingt ‚Hierarchien' antreffen muß – was viele Philosophen als selbstverständlich anzunehmen scheinen –, sondern daß man dabei auch auf ‚Schleifen' im Sinne von Kap. 9 stoßen kann.

Die hier gemachten Andeutungen blieben z.T. recht skizzenhaft. Eine detaillierte Diskussion der Ausführungen von HUCKLENBROICH, insbesondere des Textes von S. 285–287, würde sich recht kompliziert gestalten, weil HUCKLENBROICH dort eine von mir in [View], auf S. 18f. behauptete

---

7   Damit will ich nicht ausschließen, daß es in POPPERs [Forschung] ein Analogon zu dem gibt, was oben „die Vermutung von SNEED" genannt worden ist. Um dies herauszufinden, müßte man den gesamten Text bei POPPER allein unter diesem Gesichtspunkt überprüfen. Dies habe ich nicht getan.

Inkonsistenz kritisiert. Eine derartige Inkonsistenz ist weder von SNEED noch von einem anderen Vertreter der strukturalistischen Position behauptet worden. Den Gegenstand der dortigen Inkonsistenzbehauptung bildet eine Klasse von drei metatheoretischen Aussagen, *die ich gewählt hatte*, um das Problem der T-theoretischen Terme in etwas anderer und, wie ich hoffte, anschaulicherer und überzeugenderer Gestalt zu formulieren. Wie die Kritik von HUCKLENBROICH zeigt, ist dieser mein Versuch gescheitert, weshalb man ihn am besten vergißt.

Daß sich bei manchen Lesern hier eine starke Verwirrung einstellt, ist nicht weiter verwunderlich. Es sei wieder an die ähnliche psychologische Situation bei der erstmaligen Kenntnisnahme einer Antinomie hingewiesen, um nach Möglichkeit die Reaktion: „das kann SNEED doch nicht im Ernst behaupten wollen!" zu bremsen. Was ist es denn, das SNEED ‚im Ernst meint'? Versuchen wir, es so knapp, aber auch so drastisch wie möglich zu formulieren. Dabei müssen wir uns daran erinnern, daß wir uns auf der Stufe II befinden und daß die folgende These von SNEED auf der beschriebenen Annahme über das Vorkommen theoretischer Terme in modernen physikalischen Theorien beruht. (Auf die Frage der Begründung dieser Annahme kommen wir noch zu sprechen.)

SNEEDS ‚prima-facie-These' könnte man so fassen: Die Physiker intendieren, auf der Grundlage ihrer Theorien empirische Aussagen zu machen. Dies gelingt nicht. Denn nicht einmal die elementarsten Aussagen, die sich mittels einer modernen physikalischen Theorie bilden lassen, sind empirische, d.h. empirisch nachprüfbare Sätze.

Wieder muß man dabei bedenken, daß SNEED bezüglich der empirischen Nachprüfbarkeit keine speziellen Annahmen macht, sondern nur die Erfüllung zweier nicht bestreitbarer Minimalbedingungen verlangt: erstens, daß die in einer empirischen Aussage erwähnten Größen auch tatsächlich gemessen werden können; und zweitens, daß dieser Meßprozeß nicht in einen logischen Zirkel einmünden darf.

Der These wurde die Bezeichnung „prima-facie-These" gegeben. Denn selbstverständlich kann man bei ihr nicht stehen bleiben. *Eine* Folgerung, die man aus der durch sie ausgedrückten Paradoxie ziehen kann, soll in Kap. 11 ausführlich diskutiert werden, nämlich die Erschütterung dessen, was man als das *Fundamentaldogma des wissenschaftlichen Realismus* bezeichnen könnte und das SNEED in die Worte faßt: „Scientists mean what they say". Dies *kann* einfach nicht stimmen, wenn (a) SNEED mit seiner Vermutung recht hat und (b) die Physiker ihre Intentionen bezüglich der mittels ihrer Theorien aufstellbaren empirischen Behauptungen tatsächlich verwirklichen.

Zum Unterschied vom Antinomienfall kann man nämlich sofort eine Lösung des vorliegenden Problems angeben. Sie besteht im Übergang zum verallgemeinerten Ramsey-Satz. Nach SNEEDS Überzeugung hat RAMSEY nicht etwa eine logische Spielerei ersonnen, die sich bestenfalls für die Behandlung gewisser technischer Spezialprobleme besser eignet als die herkömmlichen Verfahren. Vielmehr hat RAMSEY das zutage gefördert, ‚was die Physiker eigentlich meinen'.

Es sei hierbei nochmals an den bereits in 1.3.5 erwähnten *Nachteil* des SNEEDschen Kriteriums in seiner ursprünglichen Fassung erinnert. Wenn wir den Umgang mit Begriffen, wie M_p, M, M_{pp} und Q, die für den neuen Weg charakteristisch sind, als Tätigkeiten innerhalb des *systematischen* Ansatzes von Sneed bezeichnen, dann erfolgt die *Anwendung* des Theoretizitätskriteriums in jedem konkreten Fall einer speziellen Theorie auf *präsystematischer* Ebene. Daher muß die Theoretizitätsbehauptung eine (metawissenschaftliche) *Hypothese* bleiben, die einer strengen Begründung nicht fähig ist, da darin Allquantifikationen vorkommen. Wenn also Sneed die Behauptung aufstellt, daß *Masse m* und *Kraft f KPM*-theoretische Funktionen sind, so spricht er damit die Vermutung aus, daß bezüglich sämtlicher Darstellungen dieser Theorie alle Meßmodelle für *m* und ebenso alle Meßmodelle für *f* bereits Modelle der Theorie sind. Diese Hypothese kann durch Plausibilitätsbetrachtungen verschiedenster Art gestützt, aber nicht streng bewiesen werden.

Damit war eigentlich bereits die Aufgabe für eine prinzipielle Verbesserung der Situation vorgezeichnet: Ist es möglich, das auf präsystematischer Ebene anzuwendende Kriterium von Sneed durch ein *innersystematisch* funktionierendes Kriterium zu ersetzen? Diese Aufgabe hat – wie mir scheint mit Erfolg – U. Gähde im Prinzip gelöst. Im Kap. 6 soll darüber ausführlich berichtet werden. Im einzelnen ergeben sich gewisse inhaltliche Änderungen gegenüber der Sneed-Intuition, die zum Teil Abschwächungen und zum Teil Verstärkungen bilden. Zwei Aspekte seien vorwegnehmend bereits hier erwähnt: Gähde baut in das Kriterium auch zwei Arten von Invarianzen ein, die bislang nicht berücksichtigt worden waren, die Eichinvarianz der Größen und die Invarianz der Gesetze bezüglich der einschlägigen Transformationen, z.B. der Galilei-Transformationen im Fall von *KPM*. Außerdem liefert er für *KPM* eine Begründung dafür, warum man im Theoretizitätskriterium nicht nur, wie Sneed, einen Rückgriff auf das Fundamentalgesetz der Theorie, sondern darüber hinaus auch mindestens ein Spezialgesetz fordern muß. (Dies ist also eine Hinsicht, in der das Sneedsche Kriterium zu schwach ist. Für den allgemeinen Fall ist die Diskussion über diesen Punkt noch nicht abgeschlossen; vgl. dazu 6.6.)

Damit der Leser nicht abermals den Eindruck bekommt, es solle hier dafür plädiert werden, daß die Annahme des ‚Problems der theoretischen Terme‘ eine notwendige Bedingung dafür bilde, den strukturalistischen Ansatz zu akzeptieren, sei nochmals ausdrücklich auf die Schlußanmerkung in 1.3.5 verwiesen.

Mit der Unterscheidung zwischen Fundamentalgesetz und Spezialgesetzen stoßen wir bereits auf die zweite Kritik von Hübner (a.a.O. S. 296–298). Er fragt nach den Kriterien für diesen Unterschied. Man könnte auch sagen: Er fragt nach den *Identitätskriterien für eine Theorie.* Diese Frage wird ab Kap. 2 wiederholt und unter verschiedenen Gesichtspunkten zur Sprache kommen, so daß wir uns hier ganz kurz fassen können. In die neue Sprechweise übersetzt, handelt es sich darum, was in den Kern des als Basis (des Netzes) gewählten Theorie-Elementes einzubeziehen ist, und was in die Kerne der Spezialisierungen dieser Basis ‚abgeschoben‘ werden soll. Wenn wir dabei für den Augenblick die Querverbindungen vernachlässigen, geht es genau um den Unterschied zwischen Fundamentalgesetz und Spezialgesetzen. (In dasjenige, was in II/2 ‚‚erweiterter Strukturkern‘‘ genannt worden ist, wurden sämtliche Spezialgesetze ‚summarisch zusammengeworfen‘ und mittels der Relation α den für sie bestimmten intendierten Anwendungen zugeordnet.) Eine notwendige Bedingung dafür, um als Fundamentalgesetz akzeptierbar zu sein, ist in der Forderung enthalten, daß es sich um ein *Verknüpfungsgesetz* handeln müsse, daß darin also verschiedene Funktionen miteinander verknüpft werden. Dies ist zugleich als Abgrenzung ‚nach oben‘ benützbar, nämlich als Abgrenzung gegenüber den ‚rein begrifflichen‘ Festlegungen in M_p. NEWTONS zweites Axiom erfüllt diese Forderung in idealer Weise, denn darin kommen alle Grundterme s, m und f der Theorie vor. Das actio-reactio-Prinzip hingegen erfüllt diese Bedingung nicht, da es nur die Kraftfunktion enthält. Eine zweite notwendige Bedingung für die Auszeichnung als Fundamentalgesetz ist die Geltung in *allen* intendierten Anwendungen. Charakteristisch für Spezialgesetze ist dagegen, daß sie nur in bestimmten intendierten Anwendungen gelten. Auch dieser Aspekt spricht für die Aufnahme des zweiten Axioms in die Definition von *KPM* und gegen die Aufnahme des actio-reactio-Prinzips. Dieser zweite Aspekt ist auch mutatis mutandis auf die Querverbindungen anwendbar. In den Basiskern aufzunehmende Querverbindungen gelten ‚quer über alle Anwendungen‘. Ein Beispiel dafür bildet die Extensivität der Massenfunktion. (Intuitive Gegenprobe: Ein nach seinen Versicherungen in NEWTONscher Tradition arbeitender Physiker mache Berechnungen, in denen einem Komplex aus zwei Körpern eine Masse zugeteilt wird, die verschieden ist von den Summen der Massen der beiden Körper. In einem solchen Fall würde man seinen Versicherungen nicht mehr Glauben schenken, sondern sagen, daß der betreffende Physiker nicht den traditionellen Rahmen beibehalten und bloß innerhalb dieses Rahmens eine kleine Änderung vorgenommen habe, sondern daß er versuche, eine neuartige Theorie aufzubauen, nämlich eine mit nicht-extensiver Massenfunktion.) Spezielle Querverbindungen sind dagegen mit Spezialgesetzen verknüpft. (Als Beispiel hierfür vgl. etwa in der ‚realistischen Miniaturtheorie‘ T^* von Kap. 7 die Forderung nach Gleichheit der HOOKEschen Konstanten in denjenigen Anwendungen, in welchen das Gesetz von HOOKE gelten soll.)

Damit soll nicht geleugnet werden, daß es strittige Grenzfälle geben kann, so daß die Frage u.U. durch Festsetzung zu entscheiden ist. Wie wir später sehen werden, ist es aber für viele Zwecke unerheblich, ob man ein Theoriennetz ‚so weit auseinanderzieht wie möglich‘, wozu gewöhnlich der Wissenschaftsphilosoph aus logischen oder epistemologischen Erwägungen neigt, oder ob man es ‚teilweise zusammenschrumpfen läßt‘, was mehr der Denkweise des mit dem mathematischen Apparat der Theorie arbeitenden Physikers entspricht. (Vgl. dazu auch die Diskussion in Abschn. 14.2.3.)

Unsere Antwort auf die Frage könnte man somit so zusammenfassen: Meist sind die Identitätskriterien für eine (Rahmen-)Theorie genau formulierbar; und wo sie es nicht sind, ist dies auch kein Unglück.

Noch eine Bemerkung zu den intendierten Anwendungen. Ohne dies ausdrücklich zu sagen, haben wir hier stets die in 1.2 geschilderte Auffassung von den intendierten Anwendungen einer Theorie zugrunde gelegt. Da HÜBNER diesen Aspekt nicht kritisiert, sei hier nur vollständigkeitshalber angeführt, was davon im Kontext des gegenwärtigen Abschnittes von Relevanz ist und was nicht. Vorausgesetzt haben wir erstens stets, daß eine Theorie mehrere intendierte Anwendungen hat, die sich überdies partiell überschneiden, und zweitens, daß die Gesamtmenge *I* aller intendierten Anwendungen (fast immer) in dem Sinn eine offene Menge ist, daß es nicht möglich ist, exakte notwendige *und hinreichende* Bedingungen für die Zugehörigkeit zu *I* zu formulieren. *Nicht* vorausgesetzt hingegen haben wir hier, daß stets die WITTGENSTEINsche ‚Methode der paradigmatischen Beispiele‘ zur Anwendung gelangt, wie dies in II/2, Kap. IX, Abschn. 4 („Was ist ein Paradigma?") geschildert wurde. Die Menge *I* kann auch auf ganz andere Weise zustande kommen. Der eben zitierte Abschnitt von II/2 sollte einerseits einen Lösungsansatz für die philosophiegeschichtliche Aufgabe bilden, den WITTGENSTEINschen Begriff des Paradigmas mit dem davon scheinbar vollkommen verschiedenen bei T.S. KUHN in Verbindung zu bringen, und andererseits die Beobachtung SNEEDS schildern und analysieren, daß WITTGENSTEINS Betrachtungen zum Thema „Spiel" im Prinzip übertragbar sind auf die intendierten Anwendungen der NEWTONschen Theorie.

Die obige Stellungnahme zum zweiten Kritikpunkt HÜBNERs impliziert die Antwort auf einige weitere Fragen, auf die wir hier aus Raumgründen nicht eingehen können. Nur eine sei noch erwähnt, da sie teilweise in einen anderen Kontext gehört, nämlich die a.a.O. auf S. 297 aufgeworfene Frage, „was empirisch geopfert werden kann." Hierauf geben wir die radikal holistische Antwort: „Prinzipiell alles." Die Frage ist nur, welche der offen stehenden Revisionsalternativen zu bevorzugen sind. Dieses Problem wird in Kap. 7 anhand eines detaillierten Beispieles erörtert, und es wird dabei versucht zu zeigen, daß auch hier die Strategie von QUINE zutrifft und daß sich seine ‚Präferenzordnung zwischen den Alternativen‘ sogar erheblich verbessern und präzisieren läßt.

HÜBNERs dritter Kritikpunkt betrifft das Thema „Theoriendynamik". Hier sind zwei Zugeständnisse zu machen. Erstens ist, wie auch die Reaktion anderer Kritiker zeigt, durch gewisse unvorsichtige Formulierungen in II/2 der falsche Eindruck entstanden, als werde damit der Anspruch erhoben, irgend welche geschichtliche Tatsachen erklären zu wollen. Die eingehende Beschäftigung mit KUHN im Kap. IX von II/2 dürfte diesen Eindruck begünstigt haben. Aber ein derartiger Anspruch wurde gar nicht erhoben. Zweitens sind verschiedene von HÜBNER erwähnte und kritisierte Begriffsbestimmungen in der Tat unbefriedigend und wurden mittlerweile durch andere ersetzt.

Zunächst zum ersten. Die meisten Wissenschaftsphilosophen, die sich mit den Schriften von T.S. KUHN beschäftigten, vertreten die Auffassung, daß man seine Schilderungen und Erklärungen nur akzeptieren könne, wenn man den Naturforschern, von denen er handelt, eine irrationale Haltung unterstellt und wenn man überdies als Wissenschaftsphilosoph eine ganz bestimmte – gewöhnlich als epistemologisch unhaltbar angesehene – Form des Subjektivismus und Relativismus einnimmt. Der ‚Sneed-Formalismus‘ sollte dort nur dazu verwendet werden, um aufzuzeigen, daß und warum dieses Bild, das sich Philosophen von KUHN und seinen Ideen machen, falsch ist. Insbesondere ging es darum, KUHN zu ‚entirrationalisieren‘, wenn man dieses unschöne Wort verwenden darf. So z.B. kann man den als „Theorienverdrängung" bezeichneten Vorgang auch ohne Unterstellung einer irrationalen Haltung der Beteiligten verstehen, wenn man nämlich die verschiedenen Arten von Theorienimmunität beachtet, also etwa diejenige, welche sich aus dem Vorkommen T-theoretischer Größen ergibt[8], oder die, welche aus der Offenheit der Menge I folgt. Doch hier verweisen wir besser auf Kap. 12, wo das komplizierte Geflecht von Beziehungen zwischen den Ideen KUHNS und SNEEDS in hoffentlich differenzierterer Weise erörtert wird als in früheren Publikationen.

Zum Abschluß sei wenigstens noch *eine* Präzisierung erwähnt, nämlich die des Begriffs *Normalwissenschaft* bei T.S. KUHN. Dieser von MOULINES stammende Explikationsversuch findet sich in Kap. 3. Darin wird zum einen der prozessuale Charakter dieses Phänomens in den Vordergrund gerückt – d.h. dieser KUHNsche Ausdruck wird so verstanden, daß er keinen Zustand, sondern einen Vorgang beschreibt – und zum anderen werden als ‚Träger' dieses Prozesses nicht einzelne Individuen, sondern Forschergemeinschaften genommen. Der Prozeß wird rekonstruiert als eine bestimmte historische Folge pragmatisch bereicherter Theoriennetze, genannt „Theorienevolution". Und es wird dann die Auffassung vertreten, daß ein normalwissenschaftlicher Prozeß im Sinn von KUHN sehr häufig identifiziert werden kann mit einer Theorienevolution, für die ein Paradigma existiert. (Das Wort „Paradigma" ist hier nicht etwa im KUHNschen Sinn mit all seinen Vagheiten und Mehrdeutigkeiten zu verstehen, sondern als ein scharf definierter Begriff, bei dem ein früherer Gedanke von mir aufgegriffen wird, darunter ein in bestimmter Weise ausgezeichnetes Theorie-Element zu verstehen; vgl. dazu in Kap. 3 die beiden Definitionen D3–6 und D3–7.) Zweierlei ist damit gezeigt: Erstens, daß der KUHNsche Begriff mit einem adäquaten und präzisen Sinn ausgestattet werden kann, aus dem sich unmittelbar ergibt, wie sehr gewisse Kritiker bei diesem Begriff der Sache nach daneben gegriffen haben. Zweitens wird hier an einem exemplarischen Beispiel demonstriert, daß die systematische Wissenschaftstheorie nicht zwangsläufig auf Momentfotografien beschränkt bleibt, sondern prinzipiell in der Lage ist, zwar nicht geschichtliche Vorgänge zu erklären, aber zu deren historischem Verständnis beizutragen.

Literatur

BALZER, W. [Messung], *Messung im strukturalistischen Theorienkonzept*, Habilitationsschrift, München 1982 (erscheint unter dem Titel *Theorie und Messung* bei Springer).

BALZER, W. und J.D. SNEED [Net Structures I], „Generalized Net Structures of Empirical Theories. I", *Studia Logica* Bd. 36/3(1977), S. 195–211. Deutsche Übersetzung in: W. BALZER und M. HEIDELBERGER (Hrsg.), *Zur Logik Empirischer Theorien*, Berlin-New York 1983.

---

8   Hier könnte ergänzend folgendes hinzugefügt werden: Der an die Stelle des Fundamentalgesetzes von *KPM* tretende und daher prinzipiell als empirische Aussage *intendierbare* Ramsey-Sneed-Satz ist de facto empirisch gehaltleer, da mathematisch beweisbar. Vgl. dazu die Schilderung des von GÄHDE erbrachten Nachweises für den Fall von *KPM* in Kap. 7.

BALZER, W. und J.D. SNEED [Net Structures II], „Generalized Net Structures of Empirical Theories. II", *Studia Logica* Bd. 37/2 (1978), S. 167–194. Deutsche Übersetzung in: W. BALZER und M. HEIDELBERGER (Hrsg.), *Zur Logik Empirischer Theorien*, Berlin-New York 1983.

FEYERABEND, P. [Changing Patterns], „Changing Patterns of Reconstruction", *The British Journal for the Philosophy of Science*, Bd. 28/4 (1977), S. 351–369.

GÄHDE, U. [*T*-Theoretizität], *T-Theoretizität und Holismus*, Dissertation München, Frankfurt 1983.

GÄHDE, U. und W. STEGMÜLLER, „An Argument in Favour of the Duhem-Quine-Thesis from the Structuralist Point of View", in: L.E. HAHN und P.A. SCHILPP (Hrsg.), *The Philosophy of W.V. Quine*, La Salle, Il., voraussichtlich 1986.

HUCKLENBROICH, P. [Reflections], „Epistemological Reflections on the Structuralist Philosophy of Science", *Metamedicine*, Bd. 3 (1982), S. 279–296.

HÜBNER, K. [Kritik], *Kritik der wissenschaftlichen Vernunft*, 2. Aufl. Freiburg/München 1979.

LAKATOS, I. [Research Programmes], „Falsification and the Methodology of Scientific Research Programmes", in: I. LAKATOS und A. MUSGRAVE (Hrsg.), *Criticism and the Growth of Knowledge*, Cambridge 1970, S. 91–195.

POPPER, K.R. [Forschung], *Logik der Forschung*, 4. Aufl. Tübingen 1971.

SNEED, J.D. *The Logical Structure of Mathematical Physics*, Neues Vorwort, 2. Aufl. Dordrecht 1979.

STEGMÜLLER, W. [View], *The Structuralist View of Theories*, Berlin-Heidelberg-New York 1979.

STEGMÜLLER, W. [Neue Wege], *Neue Wege der Wissenschaftsphilosophie*, Berlin-Heidelberg-New York 1980.

Kapitel 2

Theorie-Elemente, Theoriennetze und deren empirische Behauptungen

Nach den in Kap. 1 gegebenen ausführlichen Schilderungen gehen wir in diesem Kapitel dazu über, die wichtigsten Rahmenbegriffe des strukturalistischen Theorienkonzeptes in der vereinfachten und verbesserten Neufassung zu definieren. Dabei wird es im allgemeinen genügen, die Definitionen mit kurzen Erläuterungen zu versehen. Nur bei der empirischen Behauptung von Theoriennetzen müssen wir etwas länger verweilen, da hier zunächst gewisse Unklarheiten bestanden, die erst später behoben worden sind.

Allerdings werden wir uns vorläufig darauf beschränken, diese Begriffe als *allgemeine* Begriffe einzuführen, wie wir dies jetzt nennen. Solche allgemeinen Begriffe sind insbesondere die Begriffe der Matrix, der Klasse von potentiellen Modellen sowie der Klasse von Modellen.

Gegen die im folgenden beschriebene *allgemeine* Fassung dieser Begriffe sind eine Reihe von Bedenken vorgetragen worden. Diesen werden wir im Kap. 5 dadurch Rechnung tragen, daß wir die fraglichen Begriffe dort als wesentlich schärfere, also speziellere Begriffe einführen. Zum Unterschied von den hier definierten Begriffen werden wir dann von *typisierten* Begriffen sprechen, da wir einen präzisen Begriff des Typus verwenden werden. Insbesondere wird an die Stelle des hier benützten Begriffs der Matrix (D2-1) der Begriff der *typisierten Klasse von mengentheoretischen Strukturen* (D5-5) treten; und die Stelle der allgemeinen Klassen von potentiellen Modellen und von Modellen werden diese beiden *als Strukturspecies* eingeführten Klassen einnehmen.

Diejenigen Leser, welche an den in Kap. 5 entwickelten technischen Feinheiten, die den formalen Apparat betreffen, weniger interessiert sind, brauchen sich diese Einzelheiten nicht anzueignen, um zur Lektüre eines späteren Kapitels überzugehen. Vielmehr können sie sich, wo immer sie dort auf Ausdrücke, wie „typisierte Klasse" oder „Strukturspecies", stoßen, mit dem Gedanken beruhigen, daß in Kap. 5 alle Grundbegriffe zusätzlich auf solche Weise präzisiert wurden, daß dagegen vorgebrachte formale Bedenken gegenstandslos werden. An die Art und Weise, *wie* diese Präzisierung vorgenommen worden ist, brauchen sie sich dabei nicht mehr zu erinnern.

Dies darf jedoch nicht dahingehend mißverstanden werden, als habe die Einführung allgemeiner Begriffe im vorliegenden Kapitel nur psychologische und didaktische Gründe. Wenn es nämlich auch aufgrund der später angeführten Argumente als ratsam erscheinen mag, typisierte Begriffe zu benützen, so besteht dafür doch vorläufig keine zwingende Notwendigkeit. Insofern ist das Arbeiten mit den allgemeinen Begriffen prinzipiell zulässig. Sollte es sich später als zweckmäßig oder in gewissen Kontexten vielleicht sogar als unbedingt erforderlich erweisen, nur mit typisierten Begriffen zu arbeiten, so können die entsprechenden ‚Typisierungsforderungen' jederzeit nachgeholt werden. Voraussetzung dafür ist nur, daß dann die typisierten Begriffe in der in Kap. 5 präzisierten Form zur Verfügung stehen.

D2-1 X ist eine $\begin{cases} l+n \\ l+m+k \end{cases}$ *-Matrix* gdw

(1) X ist nicht leer;
(2) l, m, k (bzw. n)$\in \mathbb{N}$ und $0 < l$ und $0 < m$ $(0 < n)$;
(3) für alle $x \in X$ gibt es $D_1, \ldots, D_l, n_1, \ldots, n_m, t_1, \ldots, t_k$, so daß $x = \langle D_1, \ldots, D_l, n_1, \ldots, n_m, t_1, \ldots, t_k \rangle$ (wobei $n = m + k$).

Kommentar: Bei einer Matrix einer empirischen Theorie handelt es sich um eine Menge von Entitäten, die möglicherweise die mathematische Grundstruktur dieser Theorie besitzen. Jede Matrix ist eine nichtleere Menge (1), deren Elemente $l + m + k$-Tupel (bzw. $l + n$-Tupel) sind. In jedem dieser Tupel treten l Mengen, m nicht-theoretische Terme und k theoretische Terme (l, m, k$\in \mathbb{N}$, $0 < l$ und $0 < m$) auf (2), (3). Bei den theoretischen bzw. nicht-theoretischen Termen handelt es sich um Funktionen oder – allgemeiner – Relationen. Wird nicht zwischen theoretischen und nicht-theoretischen Termen unterschieden, so spricht man statt von einer $l + m + k$-Matrix von einer $l + n$-Matrix, wobei n die Gesamtanzahl der in jedem Element dieser Matrix auftretenden Funktionen bzw. Relationen bezeichnet.

D2-2 (a) M_p ist eine *(allgemeine) Klasse potentieller Modelle vom Typ $l - m$ $-k$ für eine Theorie* gdw gilt: M_p ist eine $l + m + k$-Matrix.
(b) M_p sei definiert wie in (a). Dann ist M eine *(allgemeine) Klasse von Modellen für M_p* gdw $M \subseteq M_p$.
(c) M_p sei definiert wie in (a). Dann ist M_{pp} eine *Klasse partieller potentieller Modelle für M_p* gdw

$$M_{pp} := \{ \langle D_1, \ldots, D_l, r_1, \ldots, r_m \rangle \mid \vee r_{m+1} \ldots \vee r_{m+k}$$
$$(\langle D_1, \ldots, D_l, r_1, \ldots, r_m, r_{m+1}, \ldots, r_{m+k} \rangle \in M_p) \}.$$

(d) Es sei M_p definiert wie in (a). Q ist eine *Querverbindung* (ein *Constraint*) *für M_p* gdw

(1) $Q \subseteq Pot(M_p)$;
(2) $\phi \notin Q$;
(3) für alle $x \in M_p$ gilt: $\{x\} \in Q$.

Kommentar: Wie in (a) angegeben, handelt es sich bei einer Klasse M_p potentieller Modelle vom Typ $1-m-k$ um eine $1+m+k$-Matrix. Innerhalb einer solchen Klasse M_p potentieller Modelle wird eine Klasse M von Modellen für M_p als (echte oder unechte) Teilklasse ausgegrenzt (b). Weiterhin kann aus M_p eine Klasse M_{pp} partieller potentieller Modelle gebildet werden, indem in jedem potentiellen Modell $x \in M_p$ die theoretischen Funktionen ,weggestrichen' werden (c).

Querverbindungen (auch „Constraints" genannt) können als Teilklassen der Potenzmenge von M_p eingeführt werden; ihre Elemente sind folglich Klassen potentieller Modelle ((d), (1)). In (d), (2) wird gefordert, daß die leere Menge kein Element eines Constraints ist. Forderung (d), (3) ist wie folgt zu interpretieren: Querverbindungen sollen einschränkende Bedingungen nur für Klassen potentieller Modelle darstellen, nicht jedoch für einzelne, isoliert betrachtete potentielle Modelle. Folglich ist zu fordern, daß jede Klasse, die genau ein potentielles Modell enthält, ein Element von Q ist.

Querverbindungen heißen *transitiv*, wenn gilt:

$$\wedge X, Y (X \in Q \wedge Y \subseteq X \wedge Y \neq \emptyset \rightarrow Y \in Q).$$

D2-3 (a) K ist ein *Kern für ein Theorie-Element* gdw es M_p, M, M_{pp} und Q gibt, so daß
   (1) $K = \langle M_p, M, M_{pp}, Q \rangle$;
   (2) M_p ist eine (allgemeine) Klasse potentieller Modelle für eine Theorie;
   (3) M ist eine (allgemeine) Klasse von Modellen für M_p;
   (4) M_{pp} ist eine Klasse von partiellen potentiellen Modellen für M_p;
   (5) Q ist eine Querverbindung für M_p.
   (b) Falls $K = \langle M_p, M, M_{pp}, Q \rangle$ ein Kern für ein Theorie-Element ist, so ist I eine *Menge intendierter Anwendungen für K* gdw $I \subseteq M_{pp}$ $(I \subseteq Pot(M_{pp}))$.

Kommentar: Unter einem Kern eines Theorie-Elements wird ein Quadrupel verstanden, in dem eine Klasse M_p potentieller Modelle, eine Klasse M von Modellen, eine Klasse M_{pp} partieller potentieller Modelle sowie ein Constraint Q auftreten. (Falls mehrere Querverbindungen in dem betreffenden Kern erfaßt werden sollen, kann Q als Durchschnitt dieser verschiedenen – extensional gedeuteten – Constraints interpretiert werden.)

Für die Anwendungsklasse I wird nur gefordert, daß es sich um eine Teilklasse der Klasse M_{pp} der partiellen potentiellen Modelle handelt. Eine andere Möglichkeit besteht darin, zu fordern, daß es sich bei I um eine Teilklasse von $Pot(M_{pp})$ handelt (Ausdruck in Klammern). In dieser Sichtweise stellen die Anwendungen aus I keine einzelnen partiellen potentiellen Modelle, sondern Klassen derartiger partieller potentieller Modelle dar. So würden entsprechend dieser Sichtweise etwa alle harmonischen Schwingungsvorgänge zusammen als *eine* Anwendung der klassischen Mechanik aufgefaßt werden.

Restriktionsfunktionen, die jedem potentiellen Modell das ‚zugehörige‘ partielle potentielle Modell, jeder Menge potentieller Modelle die ‚zugehörige‘ Menge partieller potentieller Modelle usw. zuordnen, können wie folgt rekursiv definiert werden:

$$r^i : \mathfrak{P}^i(M_p) \to \mathfrak{P}^i(M_{pp});$$
$$r^0(\langle D_1, \ldots, D_l, n_1, \ldots, n_m, t_1, \ldots, t_k \rangle) := \langle D_1, \ldots, D_l, n_1, \ldots, n_m \rangle;$$
für $x \in \mathfrak{P}^{i+1}(M_p)$ ist $r^{i+1}(x) := \{ r^i(y) \mid y \in x \}$.

Dabei wird von der iterierten Potenzfunktion Gebrauch gemacht, die wie folgt definiert werden kann:
Sei M eine nichtleere Menge und $Pot(M)$ die Potenzmenge von M. Dann sei:

$$\mathfrak{P}^0(M) := M;$$
$$\mathfrak{P}^{n+1}(M) := Pot(\mathfrak{P}^n(M)).$$

D2-4 (a) T ist ein *(allgemeines) Theorie-Element* gdw es K und I gibt, so daß

    (1) $T = \langle K, I \rangle$;
    (2) $K = \langle M_p, M, M_{pp}, Q \rangle$ ist ein Kern für ein Theorie-Element;
    (3) I ist eine Menge intendierter Anwendungen für K.
  (b) T sei definiert wie in (a). Dann ist der *empirische Gehalt* von K $\mathbb{A}(K)$ von K definiert durch
    $\mathbb{A}(K) := r^2(Pot(M) \cap Q)$
    $[\mathbb{A}(K) := \{ X \mid \vee Y(r^1(Y) = X \wedge Y \subseteq M \wedge Y \in Q) \}]$.
  (c) T sei definiert wie in (a). Dann ist die *empirische Behauptung* von T der Satz:
    $I \in \mathbb{A}(K)$
    $[I^A \subseteq \mathbb{A}(K)]$.

Kommentar: Unter einem *Theorie-Element* T wird ein geordnetes Paar $\langle K, I \rangle$, bestehend aus einem Kern K und einer Menge I intendierter Anwendungen, verstanden (a).

Der *empirische Gehalt* $\mathbb{A}(K)$ ist eine Teilmenge der Potenzmenge von M_{pp}. Bei den Elementen von $\mathbb{A}(K)$ handelt es sich folglich um Mengen partieller potentieller Modelle. Diese Mengen zeichnen sich durch die folgende Eigenschaft aus: Sie können zu Mengen von Modellen ergänzt werden, und zwar so, daß zwischen den einzelnen, bei der Ergänzungsbildung erhaltenen Modellen die im Constraint Q zusammengefaßten Querverbindungen bestehen (b).

Die *empirische Behauptung von T* besteht in dem Satz, daß die ‚reale‘ Menge intendierter Anwendungen I ein Element des empirischen Gehalts $\mathbb{A}(K)$ von K ist (c). (Der Ausdruck in Klammern bezieht sich wiederum auf die zweite, im Kommentar zu D2-3 erläuterte Explikation des Begriffs „Anwendungsklasse"; das angefügte „A" soll andeuten, daß es sich bei den Elementen von I^A um ‚Anwendungs*arten*‘ handelt.)

Diese letztgenannten Definitionsteile (4)(b) und (c) kann man sich an Hand der folgenden Skizze verdeutlichen:

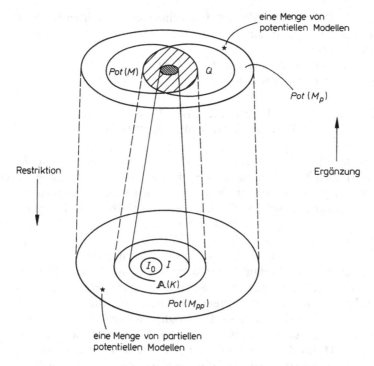

eine Menge von
potentiellen Modellen

$Pot(M)$ Q

$Pot(M_p)$

Restriktion

Ergänzung

I_0 I

$A(K)$

$Pot(M_{pp})$

eine Menge von partiellen
potentiellen Modellen

Fig. 2-1

Eine intuitive Erläuterung dieses Bildes wurde bereits in 1.4.2 gegeben.

D2-5 (a) Seien $K = \langle M_p, M, M_{pp}, Q \rangle$ und $K' = \langle M'_p, M', M'_{pp}, Q' \rangle$ Kerne für Theorie-Elemente. K' ist eine *Kernspezialisierung* (im ‚naiven Sinn') von K gdw

(1) $M'_{pp} = M_{pp}$ (allgemeiner: $M'_{pp} \subseteqq M_{pp}$)

(2) $M'_p = M_p$ (allgemeiner: $M'_p \subseteqq M_p$);

(3) $M' \subseteqq M$;

(4) $Q' \subseteqq Q$.

(b) T und T' seien Theorie-Elemente. T' ist *Spezialisierung* (im ‚naiven Sinn') von T gdw

(1) K' ist Kernspezialisierung von K (im naiven Sinn);

(2) $I' \subseteqq I$.

Kommentar: Sei K Kern eines Theorie-Elements. Bei einer Kernspezialisierung von K bleiben die Klasse der partiellen potentiellen Modelle sowie die Klasse der potentiellen Modelle unverändert; dagegen tritt an die Stelle von M eine Teilmenge von M; ebenso tritt an die Stelle des Constraints Q ein Constraint Q', der eine Teilmenge von Q ist. Im Normalfall wird es sich dabei um echte Teilmengen handeln. Bei der in Klammern angegebenen (allgemeineren) Formulierung wird zudem zugelassen, daß auch an die Stelle der Mengen M_{pp} bzw. M_p jeweils Teilmengen treten (a). Bei einer Spezialisierung eines Theorie-

Elements $T = \langle K, I \rangle$ wird der Kern K durch eine Kernspezialisierung K' und die Menge intendierter Anwendungen I durch eine Teilmenge von I ersetzt.

Spätere Notation:

K' ist eine Kernspezialisierung von K: $K' \sigma K$;
T' ist eine Spezialisierung von T: $T' \sigma T$.

D2-6 T und T' seien Theorie-Elemente. T' ist eine *Theoretisierung von T* (T wird in T' vorausgesetzt) gdw $M'_{pp} \subseteq M$.

Kommentar: Zum Verständnis dieser Definition ist zu beachten, daß die im strukturalistischen Theorienkonzept vorgenommene Unterscheidung zwischen theoretischen und nicht-theoretischen Funktionen bzw. Relationen stets auf konkrete, vorgegebene empirische Theorien relativiert wird: Eine Funktion (oder Relation) kann theoretisch bezüglich der einen Theorie und nicht-theoretisch bezüglich einer anderen sein (Beispiel: Die Druckfunktion ist theoretisch bezüglich der klassischen Mechanik, aber nicht-theoretisch bezüglich der Thermodynamik.) Der Gedanke, der dem Begriff der ‚Theoretisierung‘ zugrunde liegt, besteht in folgendem: Seien T, T' zwei verschiedene Theorie-Elemente. Dann kann der Fall eintreten, daß jedes partielle potentielle Modell von T' zugleich ein Modell von T ist. Die möglichen intendierten Anwendungen von T' werden also unter Zuhilfenahme von T – nämlich als Elemente der Modellmenge M von T – beschrieben. In diesem Sinn setzt T' das Theorie-Element T voraus. Die theoretischen Funktionen bezüglich T sind in diesem Fall nicht-theoretische Funktionen bezüglich T'.

D2-7 X ist ein *Theoriennetz* gdw es ein N und $\preccurlyeq$ gibt, so daß
    (1) $X = \langle N, \preccurlyeq \rangle$;
    (2) N ist eine endliche Menge von Theorie-Elementen (im Sinn von D2-4, (a));
    (3) $\preccurlyeq \subseteq N \times N$;
    (4) $\bigwedge T \bigwedge T'_{T, T' \in N} (T' \preccurlyeq T \leftrightarrow T'$ ist eine Spezialisierung von T);
    (5) $\bigwedge \langle K, I \rangle, \langle K', I' \rangle \in N (I = I' \rightarrow K = K')$.

Kommentar: Bei einem Theoriennetz handelt es sich um ein geordnetes Paar, bestehend aus einer Menge N und einer Relation $\preccurlyeq$. (Es wurde das geschweifte „$\preccurlyeq$" verwendet, um zu verdeutlichen, daß es sich bei dieser Relation *nicht* um die übliche ‚kleiner-gleich-Relation‘ handelt.) N ist eine (endliche) Menge von Theorie-Elementen; $\preccurlyeq$ ist als Spezialisierungsrelation im Sinn von D2-5, (b) zu interpretieren. Durch die Aufnahme von Bedingung (5) in D2-7 soll ausgeschlossen werden, daß für gleiche Anwendungsklassen I, I' verschiedene Theoriekerne verwendet werden.

Die folgenden Ausführungen haben zum Ziel, eine Beziehung zwischen dem Begriff des Theoriennetzes und dem abstrakten mathematischen Netzbegriff (vgl. etwa ERNÉ, *Einführung in die Ordnungstheorie*, Mannheim 1982) herzustellen.

Zunächst einige Hilfsdefinitionen:

R sei eine zweistellige Relation, die auf einer Grundmenge X definiert ist:

$R \subseteq X \times X$.

R ist eine *QO* (*Quasiordnung*) gdw

  (1) $\bigwedge x_{x \in X}(xRx)$ (R ist reflexiv);
  (2) $\bigwedge x, y, z_{x,y,z \in X}$ $(xRy \wedge yRz \rightarrow xRz)$ (R ist transitiv).

R ist *antisymmetrisch* gdw

$\bigwedge x, y_{x,y \in X}$ $(xRy \wedge yRx \rightarrow x = y)$.

R ist eine *Halbordnung* (*partielle Ordnung*) *PO* gdw

R ist eine *QO* und R ist antisymmetrisch.

R ist *konnex* oder *total* gdw

$\bigwedge x, y_{x,y \in X}$ $(xRy \vee yRx)$

R ist eine *totale Halbordnung* (eine ‚lineare Ordnung‘, eine ‚Ordnung‘) gdw

R ist eine *PO* und konnex.

$\langle N, \preccurlyeq \rangle$ ist ein *Netz* (im abstrakten Sinn) gdw

  (1) N ist eine nichtleere Menge;
  (2) $\preccurlyeq$ ist eine zweistellige Relation auf N, d.h.
      $\preccurlyeq \subseteq N \times N$;
  (3) $\bigwedge x_{x \in N}$ $(x \preccurlyeq x)$;
  (4) $\bigwedge x, y, z_{x,y,z \in N}$ $(x \preccurlyeq y \wedge y \preccurlyeq z \rightarrow x \preccurlyeq z)$;
  (5) $\bigwedge x, y_{x,y \in N}$ $(x \preccurlyeq y \wedge y \preccurlyeq x \rightarrow x = y)$.

Die Formel „$x \preccurlyeq y \wedge y \preccurlyeq x$" kürzen wir definitorisch ab durch „$x \sim y$".

$\sim$ ist offenbar eine reflexive, transitive und symmetrische Relation, d.h. eine Äquivalenzrelation.

Hilfssatz *Ein Netz ist eine PO.*

Th. 2-1 *Wenn* $\langle N, \preccurlyeq \rangle$ *ein Theoriennetz ist, dann ist* $\langle N, \preccurlyeq \rangle$ *ein Netz im abstrakten Sinn.*

D2-8 Es sei $X = \langle N, \preccurlyeq \rangle$ ein Theoriennetz. Dann:
  (a) $\bigwedge T, T'_{T,T' \in N}(T' \sim T \leftrightarrow T' \preccurlyeq T \wedge T \preccurlyeq T')$
  (b) $\mathfrak{B}(X) := \{ T \mid T \in N \wedge \bigwedge T'_{T' \in N}(T \preccurlyeq T' \rightarrow T \sim T') \}$
  (c) X ist *zusammenhängend* gdw
      $\bigwedge T, T' [T, T' \in \mathfrak{B}(X) \rightarrow \bigvee T^*_{T^* \in N}(T^* \preccurlyeq T \wedge T^* \preccurlyeq T')]$
  (d) X besitzt eine *eindeutige Basis* gdw es ein
      $\langle K, I \rangle \in N$ gibt, so daß $\mathfrak{B}(X) = \{ \langle K, I \rangle \}$.

Kommentar: In (a) wird festgelegt, daß für zwei Theorie-Elemente T, T' $T \sim T'$ gilt gdw T' eine Spezialisierung von T ist und umgekehrt. Bei der in (b) eingeführten Klasse $\mathfrak{B}(X)$ handelt es sich um die Klasse der *Basiselemente*, d.h. um die Klasse derjenigen Theorie-Elemente, aus denen alle anderen Theorie-Elemente durch Spezialisierung hervorgehen. Gemäß (c) heißt ein Theoriennetz zusammenhängend gdw es für zwei Basiselemente T, T' mindestens ein Theorie-Element gibt, das eine Spezialisierung sowohl von T als auch von T' darstellt. Nach (d) besitzt ein Theoriennetz eine eindeutige Basis gdw in ihm nur ein Basiselement vorkommt.

Daß ein Netz mit eindeutiger Basis einen Spezialfall eines Theoriennetzes darstellt, zeigt, daß prinzipiell auch Netze mit mehreren Basiselementen zugelassen sind. Intuitiv gesprochen würde es sich dabei um Theorien handeln, die mindestens zwei ,Eingänge' besitzen. Ein Beispiel hierfür bildet vielleicht die Quantenmechanik, sofern man die Auffassung derjenigen Theoretiker zugrunde legt, die eine ,Quantenphysik ohne Beobachter' für unmöglich halten. Hier wäre mindestens ein ,Eingang' als Basiselement im üblichen Sinn einzuführen, während ein anderer ,Eingang' als ein als Theorie-Element rekonstruierter idealisierter Beobachter oder als idealisiertes Meßinstrument zu interpretieren wäre.

D 2-9 Es seien $X = \langle N, \leqslant \rangle$ und $X' = \langle N', \leqslant' \rangle$ zwei Theoriennetze. Dann soll X eine *(echte)* *Erweiterung* oder eine *(echte)* *Verfeinerung* von X' heißen gdw

(1) $N' \subseteq N$ $(N' \subsetneqq N)$
(2) $\leqslant' := \leqslant \cap (N' \times N')$.

Kommentar: Bei einem Theoriennetz X handelt es sich genau dann um eine Erweiterung oder Verfeinerung eines Theoriennetzes X', wenn die Klasse N' der Theorie-Elemente von X' eine (echte oder unechte) Teilklasse der entsprechenden Klasse N von X ist und wenn zudem die Spezialisierungsrelation $\leqslant'$ von X' gleich der auf den Bereich $N' \times N'$ eingeschränkten Spezialisierungsrelation $\leqslant$ von X ist.

Die Spezialisierungsrelation ist nicht die einzige Beziehung zwischen Theorie-Elementen bzw. Kernen, mit der wir es im folgenden zu tun haben werden. Aus Gründen der Kürze empfiehlt es sich daher, von nun an ein einfacheres Symbol als „$\leqslant$" für die Spezialisierungsrelation zu benützen. Dies soll, wie bereits angedeutet, der griechische Buchstabe „σ" sein. Daß T_j eine Spezialisierung von T_i ist, drücken wir analog zum bisherigen Vorgehen durch „$T_j \sigma T_i$" aus; dasselbe gilt für Kerne. Wenn wir ausdrücklich hervorheben wollen, daß die Glieder eines Theoriennetzes durch die Spezialisierungsrelation miteinander verbunden sind, nennen wir das fragliche Netz ein *σ-Netz*.

Wie soll die empirische Behauptung eines *σ*-Netzes X lauten? Zunächst könnte man vermuten, daß hierfür nichts anderes zu tun sei, als die (endlich vielen) empirischen Behauptungen der zu X gehörenden Theorie-Elemente konjunktiv miteinander zu verknüpfen. Obwohl diese Fassung zwar in manchen

Fällen korrekt wäre, würde sie doch im allgemeinen Fall inadäquat, nämlich zu schwach sein. Denn es könnte dazu kommen, daß die durch die Querverbindungen aufgestellten Forderungen verletzt würden und zwar bereits für die elementarste unter den Querverbindungen, nämlich den $\langle \approx, = \rangle$-Constraint. Dies sei an einem einfachen abstrakten Beispiel erläutert.

Es sei $T_1 \sigma T_2$, so daß insbesondere auch $I_1 \subseteq I_2$ gilt. Zum Zwecke der Illustration nehmen wir an, daß die echte Einschlußrelation vorliegt, also $I_1 \subsetneq I_2$. Für die Formulierung der empirischen Behauptung möge nun allein der folgende Gedanke bestimmend sein: Die intendierten Anwendungen müssen durch theoretische Funktionen so ergänzbar sein, daß diese Ergänzungen bestimmte weitere Bedingungen erfüllen. Angenommen, wir würden bezüglich eines theoretischen Terms $\bar{t}$, für den der $\langle \approx, = \rangle$-Constraint gelten soll,[1] im Fall von T_1 eine Ergänzung t_1 und im Fall von T_2 eine davon verschiedene Ergänzung t_2 vornehmen, die für dieselben Argumente andere Werte hat als die Funktion t_1, während die eben nur pauschal erwähnten weiteren Bedingungen ohne Ausnahme in beiden Fällen erfüllt seien. Wir würden dann trotz Erfüllung all dieser Bedingungen für jedes $x \in I_1$ erhalten: $t_1(x) \neq t_2(x)$, während die Querverbindung die Gleichheit dieser Werte verlangt.

Diese kurze Zwischenbetrachtung lehrt, daß die empirische Behauptung eines Netzes eine zusätzliche Forderung erfüllen muß. Inhaltlich lautet diese Forderung: Wenn I_j und I_i einen nicht-leeren Durchschnitt haben, dann müssen für die Elemente, die zu beiden intendierten Anwendungen gehören, auch in beiden Fällen *dieselben* theoretischen Funktionen für Ergänzungszwecke benützt werden.

Dieser Punkt ist übrigens bereits im Rahmen des quasi-linguistischen Verfahrens von SNEED in [Mathematical Physics], S. 103f., sowie in II/2 diskutiert worden, am bündigsten vermutlich in II/2 auf S. 98 unten, S. 99 oben. Das zur obigen Begründung analoge Argument wurde dort dafür benützt, um zu zeigen, daß ein Ramsey-Satz vom dortigen Typ (IV) nicht durch eine Konjunktion von Ramsey-Sätzen ersetzt werden darf, deren jeder vom Typ (III) ist.

Nach dieser Vorbetrachtung können wir uns der eigentlichen Aufgabe zuwenden. Ihre Bewältigung wird wesentlich erleichtert durch Einführung eines Hilfsbegriffs. Es sei $T = \langle K, I \rangle$ ein Theorie-Element mit dem Kern $K = \langle M_p, M, M_{pp}, Q \rangle$. Wir führen die Menge $Z(T)$ der *zulässigen theoretischen Bereiche Ω für T* durch die folgende informelle Definition ein:

$$\Omega \in Z(T) \leftrightarrow \Omega \in Pot(M) \cap Q \wedge r^1(\Omega) = I.$$

Ω ist somit genau dann ein zulässiger Bereich für T, wenn Ω eine Menge theoretischer Ergänzungen der Elemente aus I bildet, wenn also $r_1(\Omega) = I$ gilt, wobei jedes Element aus Ω ein Modell ist, also: $\Omega \subseteq M$, und Ω selbst die Querverbindung Q erfüllt, also: $\Omega \in Q$; kurz: die zulässigen theoretischen

---

1 Eine genaue Definition des Termbegriffs findet sich erst in Kap. 5. Im Augenblick spielt es keine Rolle, wie die präzise Fassung dieses Begriffs aussieht.

Bereiche von T sind Q erfüllende Modellmengen, deren Restriktionen stets die Menge I liefern.

D 2-10 $X = \langle N, \sigma \rangle$ sei ein Theoriennetz. Dann lautet *die empirische Behauptung* $\mathbb{E}(X)$ *dieses Netzes*:

$\wedge T_i, T_j \in N \vee \Omega_i \vee \Omega_j$ (wenn $T_j \sigma T_i$, dann $\Omega_j \in Z(T_j)$ und $\Omega_i \in Z(T_i)$ und $\Omega_j \subseteq \Omega_i$).

Nennen wir bei Vorliegen von $T_j \sigma T_i$ das Theorie-Element T_j das *schärfere* und T_i das *schwächere* der beiden Theorie-Elemente. Dann verlangt die empirische Behauptung $\mathbb{E}(X)$, daß für zwei beliebige Theorie-Elemente aus dem Netz X, von denen das eine eine Spezialisierung des anderen ist, zulässige theoretische Bereiche existieren und daß darüber hinaus der zulässige theoretische Bereich des schärferen Theorie-Elementes T_j im zulässigen theoretischen Bereich des schwächeren Theorie-Elementes T_i enthalten ist. Diese letzte Bedingung präzisiert die in den vorangehenden Betrachtungen aufgestellte Zusatzforderung. Denn durch sie wird garantiert, daß die Menge der für das schärfere Theorie-Element zu Ergänzungszwecken benützten theoretischen Funktionen eine Teilmenge derjenigen theoretischen Funktionen ist, die bereits für das schwächere Theorie-Element als theoretische Ergänzungen verwendet worden sind.

Diskussion. Die in D 2-10 gelieferte Definition ist nicht identisch mit derjenigen, welche sich in der Originalarbeit von BALZER und SNEED, [Net Structures I], S. 210, D 18, findet. Dort wird, ebenso wie später in STEGMÜLLER, [View], in D 11 auf S. 92, die empirische Behauptung eines Netzes N mit der folgenden, sowohl einfacher zu formulierenden als auch schwächeren Aussage gleichgesetzt: „Für alle $\langle K, I \rangle$, die Elemente von N sind, gilt: $I \subseteq \mathbb{A}(K)$." Diese Fassung ist wegen des Fehlens der obigen Zusatzforderung „$\Omega_j \subseteq \Omega_i$" genau den erwähnten und an den zitierten Stellen in SNEEDS [Mathematical Physics] wie in II/2 bereits eingehend geschilderten Einwendungen ausgesetzt. Merkwürdigerweise blieb dies für längere Zeit unentdeckt. Erst H. ZANDVOORT hat in [Comments] auf die Inadäquatheit der Bestimmungen in [Net Structures] und [View] für den allgemeinen Fall hingewiesen und sie außer durch prinzipielle Überlegungen mit Hilfe von konkreten Beispielen aus der klassischen Partikelmechanik illustrierend aufgezeigt. Die entscheidende Ergänzung findet sich bei ihm a.a.O. im letzten Konjunktionsglied der Formel (b') auf S. 29.

ZANDVOORTS allgemeine Fassung, die mittels der Aussage (B) von [Comments] auf S. 30 formuliert wird, scheint jedoch von der in D 2-10 gegebenen Begriffsbestimmung erheblich abzuweichen. Die nun folgenden Betrachtungen dienen nur dazu, das Vorgehen von ZANDVOORT intuitiv zu erläutern und zu kommentieren.

Als unseren Ausgangspunkt wählen wir das Definiens von D 2-10. Dieses ist eine kombinierte All- und Existenzbehauptung. Man kann versuchen, eine solche mittels einer Funktion f wiederzugeben, wobei man mit diesem Übergang diejenige Verschärfung in Kauf nimmt, welche in der Eindeutigkeitsforderung bezüglich des Wertes von f steckt. Wie aus der Struktur des Definiens hervorgeht, muß die Funktion f so beschaffen sein, daß sie jedem Theorie-Element $T = \langle K, I \rangle$ aus der Menge N des Netzes eine zulässige Ergänzungsmenge für T zuordnet. Wie sich herausstellen wird, können wir dabei von einer viel allgemeineren Klasse von Funktionen den Ausgangspunkt nehmen, nämlich von solchen Funktionen, welche die Gestalt haben:

(α) $f: N \rightarrow Pot(M_p)$,

wobei M_p natürlich dem jeweils als Argument gewählten Theorie-Element zu entnehmen ist. (Im Fall eines Netzes mit eindeutiger Basis kann M_p das entsprechende Glied des Basiselementes sein.)

Wir formulieren zunächst die empirische Behauptung des Netzes X ausführlich und geben danach an, wie man die einzelnen Bestimmungen vereinfachen kann, um daraus die endgültige Fassung zu gewinnen. Diese ausführliche Fassung besteht in der Behauptung, daß es eine Funktion der Gestalt (α) gibt, so daß für jedes Paar von Theorie-Elementen T_j, $T_i \in N$: wenn $T_j \sigma T_i$, dann gilt die konjunktive Verknüpfung der Teilaussagen (1) bis (5), die folgendes zum Inhalt haben:

(1) $f(T_j) \in Pot(M^j) \cap Q^j$;
(2) $f(T_i) \in Pot(M^i) \cap Q^i$;
(3) $f(T_j) \subseteq f(T_i)$;
(4) $r^1(f(T_j)) = I_j$;
(5) $r^1(f(T_i)) = I_i$.

Zunächst erkennen wir, daß (2) fortgelassen werden kann; denn jedes Theorie-Element ist trivial Spezialisierung von sich selbst, so daß der Wenn-Satz für $i = j$ erfüllt ist und (2) einen Spezialfall von (1) bildet. Aus demselben Grund kann (5) weggelassen werden. Ferner beachten wir, daß $a \subseteq b$ gleichwertig ist mit $a \cap b = b$. Wegen (3) können wir daher stets $f(T_j)$ durch $f(T_j) \cap f(T_i)$ ersetzen und zwar auch in (4), da wegen des Wenn-Satzes gilt: $I_j \subseteq I_i$. Schließlich bedenken wir folgendes: Aus $T_j \sigma T_i$ folgt sowohl $M^j \subseteq M^i$ als auch $Q^j \subseteq Q^i$. (Wir haben hier und im folgenden die Indizes j und i für die Glieder der Theorie-Elemente nach oben gezogen, um Konfusionen mit anderen unteren Indizes solcher Glieder zu vermeiden.) Die Teilaussage (3) darf daher durch die Bestimmung ersetzt werden, daß f bezüglich seiner Argumentglieder M^k und Q^k schwach monoton wachsend ist.

Unter Berücksichtigung dieser Feststellungen erhalten wir für die empirische Behauptung des Netzes die folgende Variante:

D 2-10* $X = \langle N, \sigma \rangle$ sei ein σ-Netz. Die empirische Behauptung $\mathbb{E}(N)$ dieses Netzes lautet:
Es gibt ein $f: N \rightarrow Pot(M_p)$, so daß gilt:
(1) f ist schwach monoton wachsend bezüglich der Argument-Glieder M und Q;
und

(2) für jedes Paar $T_j, T_i \in N$: wenn $T_j \sigma T_i$, dann

$f(T_j) \cap f(T_i) \in Pot(M^j) \cap Q^j$ und $r^1(f(T_j) \cap f(T_i)) = I_j$.

Die Verschärfung dieser Bestimmung gegenüber der ursprünglichen Definition hat, wie bereits erwähnt, ihre Wurzel in der in f enthaltenen Eindeutigkeitsforderung. Die Existenzbehauptungen in der ursprünglichen Definition implizieren dagegen natürlich keine Eindeutigkeit.

Diese Definition D 2-10* unterscheidet sich von der zitierten Bestimmung (B) bei ZANDVOORT nur dadurch, daß dort eine der Forderung nach schwacher Monotonie entsprechende Bestimmung fehlt. Es ist nicht ganz klar, ob ZANDVOORT die Monotonieforderung stillschweigend voraussetzt oder ob er sie mit Absicht wegläßt. Im letzteren Fall würde die Bestimmung gegenüber D 2-10 in einer Hinsicht eine Verstärkung enthalten (Wahl einer Funktion), in einer anderen Hinsicht eine Abschwächung (Weglassen der Monotonieforderung). Eine solche Abschwächung dürfte nicht unproblematisch sein, da sie vermutlich mit Gegenbeispielen konfrontiert werden kann.

Zum Abschluß eine *prinzipielle* Bemerkung: Ein Vertreter des herkömmlichen Aussagenkonzeptes könnte in der Diskussion darüber, wie die empirische Behauptung eines Theoriennetzes zu konstruieren sei, einen Mangel des strukturalistischen Ansatzes erblicken. Denn im herkömmlichen Denkrahmen tritt ein analoges Problem überhaupt nicht auf, da es dort keinen Spielraum von Wahlmöglichkeiten gibt. Wir erblicken in der Existenz eines solchen Spielraums keinen Mangel, sondern einen Vorzug des neuen Verfahrens. Das Fehlen von Wahlmöglichkeiten kann eine Fessel sein und ist es wohl auch im vorliegenden Fall. Im Rahmen des statement view kann man nur sagen: „Dies *ist* es, was die Theorie besagt; etwas anderes kommt nicht in Frage." Wir hingegen brauchen keine so starre Haltung einzunehmen. Zwar wissen wir, daß wir sowohl einem Theorie-Element als auch einem Theoriennetz *eine* unzerlegbare Behauptung zuordnen müssen. Doch hat die Diskussion gezeigt, daß es hierfür nicht von vornherein nur *eine* logische Möglichkeit gibt, sondern meist *mehrere* Möglichkeiten, zwischen denen je nach den Umständen aufgrund verschiedener Kriterien die geeignetste Wahl getroffen oder zumindest eine Art Rangordnung an Adäquatheit aufgestellt werden kann.

Literatur

BALZER, W. und SNEED, J.D. [Net Structures I], "Generalized Net Structures of Empirical Theories. I", *Studia Logica*, Bd. 36 (1977), S. 195–211.

BALZER, W. und SNEED, J.D. [Net Structures II], "Generalized Net Structures of Empirical Theories. II", *Studia Logica*, Bd. 37 (1978), S. 167–194.

SNEED, J.D. [Mathematical Physics], *The Logical Structure of Mathematical Physics*, 2. Aufl. Dordrecht 1979.

STEGMÜLLER, W. II/2, *Theorienstrukturen und Theoriendynamik*, Berlin-Heidelberg-New York 1973.

STEGMÜLLER, W. [View], *The Structuralist View of Theories*, Berlin-Heidelberg-New York 1979.

ZANDVOORT, H. [Comments], "Comments on the Notion 'Empirical Claim of a Specialization Theory Net' within the Structuralist Conception of Theories", *Erkenntnis*, Bd. 18 (1982), S. 25–38.

Kapitel 3

Pragmatisch bereicherte Theoriennetze und die Evolution von Theorien

3.1 Gründe für die Einführung weiterer pragmatischer Begriffe

Der strukturalistische Ansatz war in dem Sinn rein systematisch motiviert, als er dazu dienen sollte, unser Verständnis von empirischen Theorien und ihren Beziehungen zueinander zu verbessern.

Im nachhinein stellte sich heraus, daß der dabei gewonnene Begriffsapparat auch dazu benützt werden kann, um *nach geeigneter Modifikation* bzw. *nach geeigneten Ergänzungen* als präzise Grundlage für *historische* Untersuchungen zu dienen. In einer Zeit, zu der sich die historisch orientierte Wissenschaftsphilosophie immer mehr von der systematisch orientierten zu entfernen droht, ist dies auch deshalb wichtig, weil dadurch so etwas wie ein Brückenschlag zwischen den beiden Forschungstrends, dem systematischen und dem historischen, geleistet wird.

Einen ersten Versuch in dieser Richtung bildete der Begriff des Verfügens über eine Theorie (vgl. II/2, Kap. IX, 3.b, S. 189ff. und Kap. IX, 6, S. 218ff.). Hier wurde eine Relativierung auf eine ganz bestimmte Person vorgenommen. Ein besserer Versuch stammt von C. U. MOULINES in [Evolution], den wir im folgenden schildern wollen. Darin erfolgt eine gleichzeitige Relativierung auf drei ‚Faktoren‘, nämlich *historische Zeitintervalle, wissenschaftliche Gemeinschaften* sowie bestimmte *epistemische Standards*, die in diesen Gemeinschaften vorherrschen.

Wenn wir dem heute üblichen, auf MORRIS und CARNAP zurückgehenden Sprachgebrauch folgen und alle Begriffe, die über das semantisch und syntaktisch Charakterisierbare hinausgehen, *pragmatisch* nennen, so handelt es sich also um zusätzliche pragmatische Begriffe, die wir in den Begriffsapparat einbauen müssen; denn „Mensch", „historischer Zeitpunkt", „verfügbares Wissen", „Standards für die Akzeptierbarkeit von Hypothesen" sind Begriffe dieser Art.

Am naheliegendsten ist es, pragmatische Bestimmungen in unsere beiden Grundbegriffe, nämlich den Begriff des Theorie-Elementes und den des Theoriennetzes einzubauen. Wir nennen dazu zwecks Unterscheidung die beiden genannten Begriffe in ihrer bisherigen Verwendung *reine* Theorie-Elemente und *reine* Theoriennetze. Die eingangs erwähnte ‚geeignete Modifikation' wird dann also darin bestehen, Theorie-Elemente und Theoriennetze *pragmatisch zu bereichern.*

Es sei *SC* eine Gemeinschaft von Forschern. („*SC*" kommt vom englischen „Scientific Community".) *h* sei ein historisches Zeitintervall. Den epistemischen Aspekt klammern wir für den Augenblick aus, um die Sache nicht von vornherein zu stark zu komplizieren.

Im ersten Schritt erweitern wir die betrachteten Theorie-Elemente $T = \langle K, I \rangle$ um ein *SC* und ein *h* zu: $\langle K, I, SC, h \rangle$ bzw. $\langle T, SC, h \rangle$ *mit der folgenden zusätzlichen Interpretation:* „Die Mitglieder von *SC* bemühen sich während der Zeit *h* darum, *K* auf *I* anzuwenden." Wir nennen dies ein *pragmatisch erweitertes (p.e.) Theorie-Element*, kurz: *P-Theorie-Element.*

Dies läßt sich auch auf Theoriennetze übertragen; denn die Relation der Spezialisierung kann wörtlich von den reinen Netzen übernommen werden. (Es sei daran erinnert, daß die Spezialisierungsrelation, mit deren Hilfe man sukzessive zu immer spezielleren Gesetzmäßigkeiten gelangt, definitorisch auf die Teilmengenrelation zurückgeführt wird, die bei den Komponenten des fraglichen reinen Theorie-Elements einsetzt, nämlich bei M_p, M, Q und I.) Wir erhalten so *p.e. Theoriennetze* (*P-Theoriennetze*). Damit ein solches Netz einen Sinn ergibt, müssen wir voraussetzen, daß für alle zu dem Netz gehörenden P-Theorie-Elemente die wissenschaftliche Gemeinschaft *SC* sowie das historische Zeitintervall *h* identisch sind.

1. Anmerkung zu *h*: Da es sich um ein Zeitintervall im Verlauf der *menschlichen Geschichte* handelt, ist es selbstverständlich nicht erforderlich, irgendwelche Idealisierungen von der Art zu übernehmen, wie sie Naturwissenschaftler, insbesondere Physiker, in bezug auf ihren Zeitbegriff vornehmen. Die aufeinanderfolgenden Zeitintervalle brauchen nicht einmal gleich lang zu sein. Ein *h* soll für die folgenden Zwecke allerdings immer so kurz gewählt werden, daß die anderen Komponenten der Theorie-Elemente dieses Netzes für *h* unverändert bleiben.
2. Anmerkung zu *SC*: Die Gemeinschaft *SC* ist als eine '*Wissensgemeinschaft*' aufzufassen; die Kriterien für die *Identität von SC im historischen Zeitablauf* sollen daher nicht auf die physische Identität der Mitglieder von *SC* zurückführbar sein: Wegfall einzelner Mitglieder durch Tod bzw. alters- oder krankheitsbedingter Arbeitsunfähigkeit ändert eine *SC* meist ebensowenig wie das Hinzukommen neuer Interessenten. Maßgebend für die Identität von *SC* sind solche Dinge wie das gemeinsame Forschungsziel, gewisse von *SC* akzeptierte epistemische Standards sowie die fachliche Kooperation.

Ein derartiges P-Theoriennetz hat eine *statische* Funktion. Es dient, so könnte man sagen, dazu, eine ‚Momentfotografie des Wissenszustandes' unserer wissenschaftlichen Gemeinschaft *SC* zur Zeit *h* zu machen: Jedem Netz entspricht ja eindeutig die empirische Behauptung dieses Netzes. Und diese wiederum informiert uns (als Betrachter dieses Zustandes) darüber, *wie weit die Forschergruppe bei dem Versuch, K erfolgreich auf I anzuwenden, gekommen ist*.

Es ist sehr naheliegend, dieses statische Bild durch eine historische Abfolge von derartigen Momentfotografien zu ersetzen und damit das Bild ‚historisch zu dynamisieren'. Tatsächlich werden wir auch so verfahren und auf diese Weise den Begriff der *Evolution* einer Theorie (innerhalb einer Gemeinschaft während eines historischen Zeitraumes) gewinnen. Dadurch werden wir nicht nur den gesuchten Brückenschlag bewerkstelligen, sondern auch ein Mittel bereitgestellt haben, um größere Klarheit über den Begriff *normale Wissenschaft* im Sinne von T. S. KUHN zu gewinnen.

Bevor wir diese ,Dynamisierung' vornehmen, soll noch eine epistemische Komponente in die Begriffe *P-Theorie-Element* und *P-Theoriennetz* eingebaut werden. Sie hat mit der Bestätigung sowie dem Annehmen (Akzeptieren) von Hypothesen zu tun. Wir gehen davon aus, daß es für SC Standards dafür gibt, ob eine empirische Hypothese gut bestätigt ist sowie dafür, ob sie (vorläufig, d. h. provisorisch) angenommen werden soll. Dabei möge es keine Rolle spielen, ob die Regeln für Bestätigung und Annahme explizit formuliert sind oder rein intuitiv angewendet werden; auch nicht, ob im ersten Fall die Mitglieder von SC selbst diese Regeln anwenden oder dies dafür zuständigen Fachleuten (z. B. Spezialisten für mathematische Statistik) überlassen.

Durch den folgenden *Kunstgriff* übertragen wir die beiden Begriffe der Bestätigung und der Annahme von empirischen Hypothesen auf Mengen I: Jedem Theorie-Element $T = \langle K, I \rangle$ entspricht bezüglich SC und h eine empirische Behauptung $I \subseteq A(K)$. Da die letztere den Versuch beinhaltet, K auf I anzuwenden, können wir die folgende Identifizierung vornehmen. Statt zu sagen: ,,(die Mitglieder von) SC akzeptieren zu h diese empirische Aussage als gesichert", sagen wir einfach: ,,I ist für SC zu h eine *gesicherte* Anwendung (von K)." Dies vereinfacht erheblich den Formalismus. Mit ,,F" für ,,gesichert" (für engl. ,,firm") können wir nämlich für jedes gegebene P-Theorie-Element F *als Teilmenge von* I ansehen: $F \subseteq I$. (Um welches K und damit, um welche empirische Behauptung es sich handelt, geht aus dem Theorie-Element eindeutig hervor. Und als *gesichert* gilt natürlich nicht die Aussage $I \subseteq A(K)$, sondern nur die schwächere Aussage $F \subseteq A(K)$.) Die übrigen Elemente von I, also die von $I \setminus F$, gelten zwar nicht als gesichert; sie werden jedoch von bestimmten Mitgliedern von SC für Anwendungen des Kernes gehalten; die ,hypothetische Hoffnung' dieser Mitglieder reicht über F hinaus und erstreckt sich auf ganz I. Die Menge dieser Anwendungen heiße A (für engl. ,,assumed").

Wir sind *rein deskriptiv* vorgegangen und werden dies auch weiterhin tun; d. h. *wir nehmen die Standards von SC zur Kenntnis, beurteilen sie jedoch nicht kritisch.* Wenn wir selbst über eigene Standards verfügen, so können wir diejenigen von SC auch kritisieren. Dann aber benützen wir unseren Apparat nicht mehr – oder nicht mehr ausschließlich – dafür, um den historischen Ablauf zu schildern, sondern um ihn *normativ zu beurteilen.* (Die fehlende Unterscheidung zwischen diesen beiden Aspekten dürfte z. B. verantwortlich sein für einige wechselseitige Mißverständnisse zwischen ,Kuhnianern' und ,Popperianern'.)

3.2 Pragmatisch bereicherte Theoriennetze, Theorienveränderungen und Theorienevolutionen

Es folgen einige formale Bestimmungen.

D 3-1 X ist ein *pragmatisch bereichertes Theorie-Element* (kurz: *P-Theorie-Element*) gdw es ein T, SC, h und F gibt, so daß:
  (1) $X = \langle T, SC, h, F \rangle$;
  (2) $T = \langle K, I \rangle$ ist ein (reines) Theorie-Element;
  (3) SC ist eine wissenschaftliche Gemeinschaft;
  (4) h ist ein historischer Zeitraum;
  (5) $F \subseteq I$.

F enthält genau diejenigen Elemente von I, die von allen Mitgliedern von SC für die Zeit h für gesicherte Anwendungen im erwähnten Sinn gehalten werden.

D 3-2 $X = \langle N, \leqslant \rangle$ ist ein *pragmatisch bereichertes (erweitertes) Theoriennetz* (kurz: *P-Theoriennetz*) gdw gilt:
  (1) N ist eine endliche Menge von pragmatisch bereicherten Theorie-Elementen;
  (2) $\wedge \langle T, SC, h, F \rangle, \langle T', SC', h', F' \rangle \in N \; [SC = SC' \wedge h = h']$;
  (3) $\leqslant \subseteq N \times N$;
  (4) $\wedge \langle T, SC, h, F \rangle, \langle T', SC', h', F' \rangle \in N \; [\langle T, SC, h, F \rangle$
       $\leqslant \langle T', SC', h', F' \rangle \leftrightarrow T$ ist eine Spezialisierung von T'].

Für die Behandlung des *dynamischen* Aspekts benötigen wir einige weitere Hilfsbegriffe.

Was den historischen Zeitbegriff betrifft, so brauchen wir dafür keine ‚Quantifizierung' vorzunehmen (d.h. wir brauchen keinen metrischen Begriff einer solchen Zeit). Statt dessen begnügen wir uns mit einer qualitativen Zeitordnung für unsere als diskret vorausgesetzten Zeiten. „ $<$ " ($=$ normales Zeichen für „kleiner als") verwenden wir für *„früher als"*. H sei eine nichtleere, endliche Menge von historischen Zeitintervallen. Dann nennen wir $\langle H, < \rangle$ eine *historische Ordnung* gdw $< \subseteq H \times H$ und für alle $x, y, z \in H$ $(x \neq y \neq z \neq x)$ gilt:
  (1) $\neg \, x < x$ (irreflexiv);
  (2) $x < y \wedge y < z \rightarrow x < z$; (transitiv)
  (3) $x < y \vee y < x$ (konnex; zusammenhängend)
$min(H)$ („das Minimalglied von H") sei das früheste Element aus H, d.h. das eindeutig bestimmte $h \in H$, so daß $\wedge y \in H \; (h < y \vee h = y)$.

Es sei nun $h \in H$, wobei $h \neq \min(H)$; dann ist $h - 1 := $ das eindeutig bestimmte $h' \in H$, so daß $h' < h \wedge \neg \vee x \in H \; (h' < x \wedge x < h)$.

Schließlich verwenden wir noch eine einstellige Funktion $z(\cdot)$, die, angewandt auf P-Netze, *die* eindeutig bestimmte *Zeit dieses Netzes* liefert (vgl. D 3-2, (2)!).

$X = \langle N, \leqslant \rangle$ sei ein *P-Netz*; dann sei:
$z(X) := $ das eindeutig bestimmte h, so daß $\wedge \langle T, SC, h', F \rangle \in N \; (h' = h)$.

(In [View], S. 93, wurde in D14c) auch diese Funktion h genannt, was Mißverständnisse hervorrufen kann.)

In ganz analoger Weise soll, wenn erforderlich, aus einem P-Netz die zugehörige wissenschaftliche Gemeinschaft SC ausgesondert werden. Das Symbol sei hier wieder „SC". Für ein P-Netz X sei also (wie immer heiße das Erstglied von X: N):·

$SC(X)$: = die eindeutig bestimmte wissenschaftliche Gemeinschaft SC, so daß $\wedge \langle T, SC', h, F \rangle \in N(SC' = SC)$.

Bisweilen ist es zweckmäßig, simultan über *alle* intendierten Anwendungen reden zu können, die als *gesichert* oder die als bloß *vermutet* angesehen werden. Beide Begriffe, etwa $F(X)$ und $A(X)$ genannt, können durch Vereinigungsbildung gewonnen werden, nämlich:

$F(X)$: = $\bigcup \{F | \vee T, SC, h(\langle T, SC, h, F \rangle \in N)\}$,
$A(X)$: = $\bigcup \{I \setminus F | \vee K, I, SC, h, F(\langle \langle K, I \rangle, SC, h, F \rangle \in N)\}$.

Für die nächsten gedanklichen Operationen ist ein weiterer Abstraktionsschritt erforderlich: Wir werden nicht mehr *einzelne* Theoriennetze betrachten, sondern *ganze Folgen von solchen*, wobei wir (wie bisher in analogen Fällen) die Folgenglieder zunächst zu einer Menge zusammenfassen. (Intuitive Hintergrundidee: Die Entwicklung ein und derselben Theorie soll als historische Folge von P-Theoriennetzen mit identischer Basis rekonstruiert werden.)[1]

Es sei $\mathbb{N}$ eine *Menge von* P-Theoriennetzen. Dann sei

$H(\mathbb{N})$: = $\{z(X) | X \in \mathbb{N}\}$ (also die Menge aller historischen Zeiten h, für die wir in $\mathbb{N}$ Netze zur Verfügung haben).

Zunächst führen wir den möglichst neutralen Begriff der *Theorienveränderung* ein (‚neutral' in bezug auf die verschiedenen Arten von Fortschritt und eventuellem Rückschritt). Darunter verstehen wir eine Menge von P-Theoriennetzen, die alle dieselbe Basis besitzen und deren Zeiten eine historische Ordnung bilden.

D3-3 V ist eine *Theorienveränderung* (oder ein *Theorienwandel*) gdw es ein $\mathbb{N}$ und ein $<$ gibt, so daß:

(1) $V = \langle \mathbb{N}, < \rangle$;
(2) $\mathbb{N}$ ist eine endliche Menge von P-Theoriennetzen;
(3) $\langle H(\mathbb{N}), < \rangle$ ist eine historische Ordnung;
(4) $\wedge X \wedge X' (X, X' \in \mathbb{N} \rightarrow \mathfrak{B}(X) = \mathfrak{B}(X'))$.

Ein Theorienwandel, dessen einzelne Stadien in sukzessiven Verfeinerungen eines und desselben Netzes bestehen, soll *Theorienevolution* (oder *Evolution einer Theorie*) heißen.

---

1 Da für die zeitliche Ordnung $<$ als Grundbegriff gewählt wird, handelt es sich diesmal um einen anderen Ordnungsbegriff als früher.

D3-4 E ist eine *Theorienevolution* gdw es ein $\mathbb{N}$ und ein $<$ gibt, so daß

(1) $E = \langle \mathbb{N}, < \rangle$ ist ein Theorienwandel;
(2) $\wedge X' \in \mathbb{N} \wedge \langle T', SC', h', F' \rangle \in N'(X')$ $[h' \neq \min (H(\mathbb{N})) \rightarrow \vee X \in \mathbb{N}$ $(z(X) = h' - 1 \wedge \vee \langle T, SC, h, F \rangle \in N(X)$, so daß T' eine Spezialisierung von T ist)].

(2) besagt: Zu jedem Netz X' aus $\mathbb{N}$ und jedem P-Theorie-Element T' aus X', welches nicht zum frühesten Zeitpunkt aus $H(\mathbb{N})$ gehört, existiert ein zeitlich unmittelbar vorangehendes Netz X und ein P-Element T aus diesem letzteren, so daß T' durch Spezialisierung aus T hervorgeht.

Man kann jetzt versuchen, zwischen *verschiedenen Arten von Fortschritt* innerhalb einer Theorienevolution zu unterscheiden.

Der erste Fall ist der rein *theoretische Fortschritt*. Hier werden sukzessive neue Theorie-Elemente in das bereits verfügbare Netz eingebaut, wobei die neuen Elemente durch bloße Kernspezialisierungen aus früheren hervorgehen (d.h. die Menge der intendierten Anwendungen bleibt dieselbe). Bei solchen Ergänzungen könnte es passieren, daß nicht mehr alle bisher gesicherten Anwendungen weiterhin als gesichert angesehen werden dürfen. Daher soll hier ausdrücklich verlangt werden, daß gilt: $F' \subseteq F$.

Beim *empirischen Fortschritt* (oder *Fortschritt in bezug auf die Anwendungen*) wird die Menge I der intendierten Anwendungen vergrößert, wobei sich die Bestätigungssituation, analog wie im vorigen Fall, möglicherweise verbessert. Die Kerne dagegen bleiben hier dieselben.

Schließlich soll ein *epistemischer Fortschritt* (im *deskriptiven* Sinn!) genau dann stattfinden, wenn sich die Gesamtheit der gesicherten Anwendungen vergrößert.

Wir müssen uns auf zwei aufeinanderfolgende Zeiten beschränken, um ,*real verwertbare*' Begriffsbestimmungen zu erlangen.

D3-5 Es sei $E = \langle \mathbb{N}, < \rangle$ eine Theorienevolution. Ferner seien $h, h' \in H(\mathbb{N})$ mit $h = h' - 1$ und $X, X' \in \mathbb{N}$ so beschaffen, daß $X = \langle N, \preccurlyeq \rangle$, $X' = \langle N', \preccurlyeq' \rangle$ und $z(X) = h$ und $z(X') = h'$.
Dann sagen wir:

(a) E exemplifiziert einen *theoretischen Fortschritt zur Zeit h* gdw $\vee \langle \langle K, I \rangle, SC, h, F \rangle \in N \vee K' \vee F' (F' \subseteq F \wedge K'$ ist eine echte Kernspezialisierung von $K \wedge N' = N \cup \{ \langle \langle K', I \rangle, SC, h', F' \rangle \})$.

(b) E exemplifiziert einen *empirischen Fortschritt* (oder: einen *Fortschritt im Anwendungsbereich*) zur Zeit h gdw $\vee \langle \langle K, I \rangle, SC, h, F \rangle \in N \vee I' \vee F' (I \subset I' \wedge F \subseteq F' \wedge N'$ $= N \cup \{ \langle \langle K, I' \rangle, SC, h', F' \rangle \})$.

(c) E exemplifiziert einen *epistemischen Fortschritt* (oder: einen *Fortschritt bzgl. gesicherter Anwendungen*) zur Zeit h gdw $\vee \langle \langle K, I \rangle, SC, h, F \rangle \in N \vee F' (F \subset F' \wedge N'$ $= N \cup \{ \langle \langle K, I \rangle, SC, h', F' \rangle \})$.

Eine Theorienevolution $E = \langle \mathbb{N}, < \rangle$ soll (schlechthin) *fortschrittlich* genannt werden, wenn sie für jeden Zeitabschnitt h aus $H(\mathbb{N})$ entweder einen theoretischen ($=$(a)) oder einen empirischen ($=$(b)) oder einen epistemischen ($=$(c)) Fortschritt exemplifiziert. (So etwas dürfte Lakatos mit seinem Begriff des *fortschrittlichen Forschungsprogramms* gemeint haben.)

Auch Fälle von ‚Rückschritten' oder Rückschlägen können wir erfassen, nur müssen wir uns dafür des allgemeineren Rahmenbegriffs aus D 3-3 (statt D 3-4) bedienen. Anstelle ausführlicher technischer Definitionen sollen diesmal einige Hinweise genügen: Eine Theorienveränderung V exemplifiziert einen *theoretischen Rückschritt* zu h, wenn das Kernnetz zu h' durch Entfernung eines Elementes aus dem vorangehenden Kernnetz (und das Theoriennetz zu h' durch Entfernung des entsprechenden Elementes aus dem Theoriennetz zu $h'-1$) hervorgeht; V exemplifiziert einen *empirischen Rückschritt* zu h, wenn im Anwendungsnetz zu h' ein I' durch Wegnahme von Elementen aus einem I des vorangehenden Anwendungsnetzes hervorging. V exemplifiziert zu h einen *epistemischen Rückschlag*, wenn das F eines Theorie-Elements des Netzes zu h aus dem entsprechenden Glied des vorangehenden Netzes durch echten (mengentheoretischen) Einschluß hervorgeht.

Wie dieser Begriffsapparat für die Durchführung historischer Analysen benützt werden kann, hat Moulines für das Beispiel der Newtonschen Mechanik und ihrer Entwicklung in [Evolution] auf S. 428ff. exemplarisch gezeigt.

3.3 „Paradigma" und „Normale Wissenschaft" im Sinne von T. S. Kuhn

Man kann diesen Begriffsapparat u. a. dafür verwenden, zwei grundlegende Begriffe der Wissenschaftsphilosophie von T. S. Kuhn zu explizieren. Der spezifisch ‚Kuhnsche' Aspekt soll nicht, wie in früheren Versuchen, in den Begriff der Theorie einbezogen werden; auch soll er nicht durch einen eigenen Begriff des *Verfügens (von Personen) über eine Theorie* zur Geltung gebracht werden, sondern dadurch, daß ein geeignet explizierter Begriff des *Paradigmas* in den der *Theorienevolution* eingebaut wird. Dadurch wird einerseits das, was KUHN vorschwebte, angemessen interpretiert. Andererseits ist die folgende Begriffsbestimmung gegenüber den anderen liberaler, wie sich zeigen läßt.

In einem ersten Schritt soll dabei der Kuhnsche Begriff des *Paradigmas* eingeführt werden. Es erscheint als zwingend, diesen Begriff innerhalb des strukturalistischen Ansatzes als aus zwei Komponenten bestehend zu rekonstruieren, einer ‚empirischen' oder nicht-theoretischen und einer theoretischen.

Die nicht-theoretische Komponente soll aus I_0 bestehen, der Menge der paradigmatischen Beispiele aus I: $I_0 \subset I$. Dadurch wird vor allem auch ein begriffliches Band zwischen KUHN und WITTGENSTEIN hergestellt: I_0 is ja mittels des *Wittgensteinschen* Paradigmenbegriffs erläutert worden. Dadurch, daß diese Menge I_0 als *eine* Komponente des Explikates für den Kuhnschen Paradigmenbegriff gewählt wird, ist eine gedankliche Verbindung zwischen diesen beiden

Philosophen hergestellt. (Prima facie liegt eine derartige Verbindung gar nicht auf der Hand, da WITTGENSTEIN eine Wendung von der Art: „das und das *ist ein Paradigma*" sicherlich niemals gebraucht hätte!)

Allerdings werden wir I_0 subtiler einführen als in den früheren Betrachtungen, wie sich sogleich zeigen wird. Zunächst machen wir Gebrauch von dem weiteren pragmatischen Begriff der *homogenen* Anwendungen. Darunter verstehen wir Anwendungen, die, intuitiv gesprochen, ‚von derselben Art' sind. Beispiel: In der Gravitationstheorie Newtons sind frei zur Erde herabfallende Körper eine homogene Anwendung, die Planetenbewegungen eine andere, die Gezeiten eine dritte etc. (Es handelt sich genau um dasjenige, was in Kap. 1 und Kap. 2 „Anwendungsart" genannt worden ist.) Wie das Beispiel zeigt, ist es intuitiv klar, was homogene (individuelle) Anwendungen sind. Eine formale Präzisierung dagegen dürfte kaum möglich sein.

Es sei bereits jetzt die Art und Weise angedeutet, wie die Menge I_0 hier Eingang finden wird: Den Ausgangspunkt bilden die zu einer Theorienevolution gehörenden Netze, aus denen wir ein beliebiges Netz X herausgreifen. Wir stoßen dabei auf eine Menge intendierter Anwendungen, nämlich eine Menge I für jedes zu X gehörende Theorie-Element[2]. Dann soll jedes derartige I in *homogene* Teilmengen unterteilbar sein, deren jede *eine Teilmenge von paradigmatischen Beispielen* aufweist, also eine Teilmenge von I_0. Und zwar soll dies von den Mitgliedern der wissenschaftlichen Gemeinschaft (*einmütig*) *akzeptiert* sein.

Wir verlangen dagegen *nicht*, daß I_0 von einer Person oder Gruppe, etwa dem ‚Begründer' (oder den Begründern), explizit eingeführt wurde (wie dies z. B. im Newtonschen Fall tatsächlich geschehen ist, in anderen Fällen hingegen nicht). Darin besteht eine der angekündigten Liberalisierungen.

Wenden wir uns jetzt der *theoretischen Komponente* zu! Wenn wir bedenken, daß sich einerseits die zu einer Theorienevolution gehörenden Netze laufend *ändern*, daß aber andererseits zur theoretischen Komponente des Paradigmas nach den Ausführungen von T. S. KUHN nur dasjenige gehört, woran die traditionsgebunden arbeitenden ‚Normalwissenschaftler' *unverrückt festhalten*, was also in diesem Wandel *konstant* bleibt, so bietet sich innerhalb unseres begrifflichen Rahmens nur mehr eine einzige Deutung an: Dieser ‚theoretische' Aspekt des Kuhnschen Paradigmenbegriffs besteht aus einem Kern K_0, der so geartet ist, daß alle verwendeten Kerne Spezialisierungen von K_0 sind. Als verwendet sind dabei alle diejenigen Kerne aufzufassen, die in irgend einem Netz vorkommen, das zur fraglichen Theorienevolution gehört. Wir verzichten ausdrücklich darauf – und darin besteht die zweite Liberalisierung –, zu fordern, daß K_0 von einem Forscher oder von einer wissenschaftlichen Gemeinschaft eingeführt worden ist.

Jetzt können wir zur Präzisierung übergehen:

---

2   Im Augenblick spielt es keine Rolle, ob dabei an reine oder an P-Theorie-Elemente gedacht wird.

D3-6 Es sei $E = \langle \mathbb{N}, < \rangle$ eine Theorienevolution. Dann soll X ein *Paradigma für E* genannt werden gdw gilt:
Es gibt ein K_0 und ein I_0, so daß
    (1) $X = \langle K_0, I_0 \rangle$ ist ein (reines) Theorie-Element;
    (2) $\wedge Y \in \mathbb{N} \wedge \langle \langle K, I \rangle, SC, h, F \rangle \in N(Y)^3$:
        (a) K ist eine Kernspezialisierung von K_0;
        (b) $\wedge x \in I^A \vee y \in I_0$ (x ist eine homogene Menge mit $y \subseteq x \wedge SC$ akzeptiert y als paradigmatische Teilmenge von x).

D3-7 *E ist eine Theorienevolution im Sinne von Kuhn* gdw
    (1) E ist eine Theorienevolution;
    (2) $\vee \langle K_0, I_0 \rangle$ ($\langle K_0, I_0 \rangle$ ist ein Paradigma für E).

Es ist vielleicht nicht sehr zweckmäßig, in einem explizierten Begriff einen Eigennamen stehen zu haben (jedenfalls ist es nicht sehr schön). Wir können uns davon in der Weise befreien, daß wir auf den von KUHN selbst geprägten Begriff der normalen Wissenschaft zurückgreifen und darunter keinen *Zustand*, sondern einen *Prozeß* verstehen, was wiederum mit Kuhns Gesamtintention in gutem Einklang stehen dürfte. Dazu *identifizieren* wir einfach den Begriff „*Prozeß* (oder: *Verlauf*) *der normalen Wissenschaft*" mit „*Theorienevolution im Sinne von Kuhn.*" Damit haben wir einerseits den Eigennamen „Kuhn" eliminiert, andererseits dennoch keine künstlich erscheinende Terminologie eingeführt.

Fassen wir nochmals die wichtigsten Vorteile dieses Verfahrens der Präzisierung des Kuhnschen Begriffs der *Normalen Wissenschaft* zusammen:

(i) Die vorliegende Explikation setzt nicht bei einem ‚statischen' Begriff, d. h. einem Zustandsbegriff an, etwa dem Begriff des Theorie-Elementes oder der Theorie, wie frühere Versuche, sondern direkt bei einem ‚*dynamischen*' Begriff oder *Prozeßbegriff*, nämlich dem der Theorienevolution (oder allgemeiner: der *Theorienveränderung*). Damit wird bereits im ersten Schritt eine größere Nähe zur Kuhnschen Denkweise gewahrt.

(ii) Der Begriff des *Paradigmas* ist in diesem Begriff nicht nur implizit enthalten, sondern wird *ausdrücklich hervorgehoben*, und die für ihn gelieferte Teilexplikation geht explizit in die endgültige Begriffsbestimmung ein.

(iii) Der Begriff enthält sowohl in bezug auf die ‚theoretische' Komponente K_0 als auch in bezug auf die ‚empirische' Komponente I_0 die beiden erwähnten *Liberalisierungen*, wonach keine dieser beiden Komponenten des Paradigmas von Teilnehmern der fraglichen Theorienevolution effektiv eingeführt worden sein muß.

---

3   $N(Y)$ ist natürlich wieder das Erstglied des Netzes Y, d.h. $Y = \langle N, \leqslant \rangle$.

3.4 Zur Popper-Kuhn- und zur
Kuhn-Lakatos-Feyerabend-Kontroverse.
Ein Rückblick in Stichworten

Analog wie wir in 3.3 versucht haben, geeignete pragmatische Bereicherungen des strukturalistischen Ansatzes dafür zu verwenden, um größere Klarheit über zwei grundlegende Begriffe bei T. S. KUHN zu gewinnen, kann man den gegenwärtigen Begriffsapparat dazu benützen, um informative Vergleiche zwischen verschiedenen wissenschaftsphilosophischen Positionen anzustellen.

Es folgen einige diesbezügliche Hinweise. Daß wir uns dabei auf sehr knappe Andeutungen beschränken werden, hat einen dreifachen Grund. Der erste hat mit dem Hauptziel dieses Buches zu tun, einen Einblick in neuere Entwicklungen innerhalb des strukturalistischen Ansatzes zu gewähren. Der durch dieses Ziel gesteckte Rahmen würde gesprengt, wollte man versuchen, in diese Schilderung detaillierte Vergleiche mit andersartigen Standpunkten, Methoden und Rekonstruktionsverfahren einzubeziehen. Zweitens sind einige solche Themen bereits in der zweiten Hälfte von II/2 in relativer Ausführlichkeit behandelt worden. Die ‚Übersetzung' der dortigen Darstellungen in das hier zugrunde gelegte durchsichtigere und elegantere Begriffssystem von MOULINES, ebenso wie dadurch bedingte Verbesserungen und Vereinfachungen der dortigen Ausführungen, können weitgehend als eine Routineangelegenheit betrachtet werden, die man dem daran interessierten Leser selbst zumuten kann.

Ein spezieller Vergleich zwischen den wissenschaftsphilosophischen Gedanken von T. S. KUHN und von J. D. SNEED sollte aber trotzdem nochmals angestellt werden. Denn daran haben sich im letzten Jahrzehnt ebenso viele Kritiken wie Mißverständnisse entzündet. Damit kommen wir zum dritten Grund für die gegenwärtige Kurzfassung: Es erschien nicht als zweckmäßig, an dieser Stelle, d.h. vor der Weiterverfolgung der systematischen Betrachtungen und damit gleichsam nebenher, auf die Beziehung zwischen den Ideenwelten von KUHN und SNEED zu sprechen zu kommen, eine Beziehung, die bei näherer Betrachtung wesentlicher diffiziler darzustellen ist, als es viele Kritiker wahrhaben wollen. Wir verschieben daher den Vergleich auf einen späteren Teil, nämlich auf Kap. 12, wo die systematisch-technischen Erörterungen beendigt sein werden und noch ausstehende nicht-technische Diskussionen philosophischer Natur in den Vordergrund gerückt werden können.

Die folgenden Bemerkungen wollen nicht mehr sein als zwei Blitzlichtfotos, aufgenommen mit der ‚strukturalistischen Kamera'. Am Ende sollen die beiden Hinsichten angegeben werden, in denen diese Momentfotografien *wesentlich* unvollständig sind. Die einschlägigen Ergänzungen erfolgen dann in Kap. 10 und 13.

Diejenige Auseinandersetzung, welche besonders heftig geführt worden ist und deren Ausstrahlungen in mannigfachen Verzweigungen bis zum heutigen Tage zu beobachten sind, war die Popper-Kuhn-Kontroverse. Legt man den begrifflichen Rahmen von 3.3 zugrunde, so kann man mit der Feststellung beginnen, daß POPPER KUHNS Grundintention im Begriff der Normalwissenschaft mißverstanden hat: Die Normalwissenschaftler sind nicht, wie POPPER unterstellt, bemitleidenswerte Dogmatiker, sondern ernst zu nehmende Forscher, die den normalwissenschaftlichen Fortschritt im Sinn einer Theorienevolution voranzutreiben suchen. Das Zustandekommen des Mißverständnisses ist allerdings psychologisch sehr verständlich. Denn KUHN hat in seiner Beschreibung des normalwissenschaftlichen Alltages die Rolle der Hypothesenprüfung viel zu sehr heruntergespielt. Diejenigen Prozesse der Rückgängigmachung von Netzspezialisierungen, welche in 3.2 als Rückschläge bezeichnet wurden, sind bei Zugrundelegung der beiden in 3.3 eingeführten zusätzlichen Kuhnschen Begriffe Formen von *normalwissenschaftlichen Rückschritten*. Und diese werden sich häufig, wenn auch nicht immer, als Falsifikationen spezieller Gesetzeshypothesen manifestieren. (Vgl. auch [Erklärung], S. 1060.)

Allerdings müßten hier mindestens drei qualifizierende Bemerkungen angebracht werden. Erstens, daß das Falsifikationsschema durch ein differenzierteres Überprüfungsschema zu ersetzen wäre, falls es sich um komplexere Hypothesen, etwa statistische Hypothesen, handelt. Zweitens daß in jedem Fall dem in Kap. 7 hervorgehobenen holistischen Aspekt Rechnung zu tragen ist, insbesondere der Tatsache alternativer Revisionsmöglichkeiten und der zwischen diesen bestehenden Präferenzordnung. Und drittens, daß dieses Schema überall dort nicht anwendbar ist, wo es sich um einen ‚intensionalen' Fall handelt und die Methode der Autodetermination zur Anwendung gelangt.

Das erwähnte Mißverständnis POPPERS wird dualisiert durch ein Mißverständnis KUHNS von mindestens demselben Gewicht, nämlich durch die Auffassung, daß sich POPPER nur mit einer Analyse dessen befaßte, was KUHN „außerordentliche Forschung" nennt. Diese Vermutung kann nicht stimmen, wenn man die Beschreibungen KUHNS im Lichte des Sneed-Formalismus betrachtet. Bei der außerordentlichen Forschung geht es um die Errichtung einer neuen Rahmentheorie T. Und wie unsere früheren Überlegungen lehrten, ist das Fundamentalgesetz von T wegen des Vorkommens T-theoretischer Terme nicht empirisch überprüfbar, während die Ramsey-Sneed-Variante dieses Gesetzes gewöhnlich nicht mehr beinhaltet als eine mathematische Wahrheit (vgl. auch Kap. 7). Von möglicher Falsifikation kann also weder im einen noch im anderen Fall die Rede sein. Ist die außerordentliche Forschung erfolgreich, so kommt es zu einer Theorienverdrängung ohne dazwischengeschaltete Falsifikation. Daraus folgt unmittelbar, daß sich die Überlegungen POPPERS nicht nur *auch,* sondern sogar *ausschließlich* auf den normalwissenschaftlichen Fall beziehen.

Ob es zu einer Theorienverdrängung kommt oder nicht, hängt davon ab, *welche von den beiden epistemischen Grundeinstellungen sich letzten Endes durchsetzt,* die der ‚Traditionalisten' oder die der ‚Neuerer'. (Vgl. dazu auch [Erklärung], S. 1059.) Einige Philosophen haben geglaubt, diesen Gegensatz mit dem Unterschied zwischen einer rationalen und einer irrationalen wissenschaftlichen Einstellung identifizieren zu können. Doch dies bildet einen völlig verfehlten Ansatz für eine Diskussion über wissenschaftliche Rationalität. Beide Seiten streben natürlich den wissenschaftlichen Fortschritt an; aber sie sind sehr verschiedener Meinung darüber, wie dieser Fortschritt am besten erzielbar sei. Selbst wenn die Neuerer am Ende recht behalten sollten, läßt dies keinen Rückschluß über eine angebliche Irrationalität der Haltung ihrer Gegner zu – ganz analog wie der von einem Handelnden nicht voraussehbare Mißerfolg seiner Handlung im nachhinein keinen Rückschluß auf deren Unmoralität zuließe. *Gründe* können die Vertreter *beider* epistemischer Einstellungen angeben, wenn auch niemals *zwingende* Gründe, die es im empirischen Forschungsbereich nicht gibt. Man kann die angebbaren Gründe zu verbalisieren versuchen als Appell an bestimmte methodologische Empfehlungen oder, in der Sprechweise von Quine und Ullian, an erstrebenswerte Gütemerkmale von Hypothesen und Theorien. Für die Traditionalisten, die einen möglichst kleinen Sprung ins Dunkle einem großen bevorzugen, sind es die beiden Maximen der Bescheidenheit und der Konservativität. Für die Neuerer, die umgekehrt den großen Sprung wagen wollen, da sie die Hoffnung auf weitere ,erfolgreiche kleine Sprünge' aufgegeben haben, ist vor allem das Prinzip der Einfachheit wegweisend und bestimmend. Wenn dann weitergebohrt wird mit der Frage: ,,Aber *warum* geben die einen diesen, die anderen aber jenen Maximen den Vorzug?", so kann man auf diese nicht abermals durch Appell an Regeln oder Maximen antworten, sondern nur die schlichte Feststellung treffen: ,,Weil ihnen ihr *Fingerspitzengefühl* dies so eingibt". (Um Mißverständnisse möglichst zu vermeiden, sei bereits jetzt auf den Schluß von Kap. 13 verwiesen.) Vielleicht lag Poppers Irrtum, von der Sichtweise Kuhns aus beurteilt, darin, *harte* Gründe wie den der empirischen Widerlegung zu suchen, wo nur *weiche* Gründe von der angedeuteten Art geliefert werden können. (Dabei wird natürlich, im Widerspruch zur obigen Annahme, unterstellt, daß Kuhn mit seiner Vermutung, Popper beziehe sich auf die ,außerordentliche Forschung', richtig liegt.)

Wenn wir nun zu Lakatos übergehen und sein Grundkonzept, soweit sich dieses mittels des gegenwärtigen Begriffsgerüstes überhaupt erfassen läßt, mit dem von Kuhn vergleichen, so dürfte der allgemeine Begriff der Theorienevolution im Sinn von 3.3 eine gute Vergleichsbasis bilden. Denn nicht nur ein normalwissenschaftlicher Prozeß im Sinn von Kuhn, sondern auch ein Forschungsprogramm im Sinn von Lakatos läßt sich als Theorienevolution deuten. Jetzt kann man sofort sagen, in welcher Hinsicht jeweils eines dieser Konzepte allgemeiner ist als das andere. So ist der Begriff des Forschungsprogramms von Lakatos in der Hinsicht allgemeiner als der Kuhnsche Begriff der Normalwissenschaft, daß Lakatos nicht eine Beschränkung auf solche Theorienevolutionen verlangt, für die ein Paradigma existiert. Und warum sollten nicht Theorienevolutionen vorkommen, für die es kein Paradigma gibt? Der Kuhnsche Begriff ist wiederum in einem ganz anderen Sinn allgemeiner als der von Lakatos: Er schließt Rückschläge ein, während Lakatos von einem weiter zu verfolgenden Forschungsprogramm ,Fortschrittlichkeit' verlangte. Der dabei benützte Fortschrittsbegriff kann als adjunktive Verknüpfung der drei in D3-5 definierten Begriffe verstanden werden.

Zu Beginn des vorigen Absatzes hatten wir die einschränkende Wendung hinzugefügt: ,,soweit es sich mittels des gegenwärtigen Begriffsgerüstes überhaupt erfassen läßt". Diese Einschränkung ist wesentlich. Denn der Begriff der Theorienevolution erfaßt nur *einen* Aspekt von „Forschungsprogramm" im Sinn von LAKATOS[4]. Außer Betracht bleiben dabei alle damit assoziierten epistemologischen Vorstellungen. Zu diesen gehören z. B. die Begriffe der (positiven und negativen) *Heuristik*, der *methodologischen Regeln*, der ‚*raffinierten Falsifikation*‘, ferner ‚kriteriologische‘ Begriffe wie der der ‚*Degeneration*‘ eines Forschungsprogramms. Eine Interpretation, welche der gesamten Philosophie der empirischen Wissenschaften von LAKATOS gerecht zu werden versucht, müßte selbstverständlich alle diese epistemologischen Aspekte mitberücksichtigen.

Während uns die Verwirklichung dieser Aufgabe weit über die gegenwärtigen Betrachtungen hinausführen würde, müssen wir uns doch bereits hier über die Doppeldeutigkeit klar werden, die in der eben benützten Wendung „Berücksichtigung aller epistemologischen Aspekte" steckt. Die Beseitigung dieser Ambiguität macht zugleich deutlich, in welchem Sinn bei KUHN die *deskriptive* Betrachtungsweise im Vordergrund steht, während LAKATOS die *normative* Beurteilung in den Vordergrund rückt. Zweckmäßigerweise knüpfen wir dazu an die Begriffe von 3.1 und 3.2 an. Am Ende von 3.1 wurde gesagt, daß die Standards der betrachteten Forschergruppe nur zur Kenntnis genommen, nicht jedoch kritisch beurteilt würden. Diese Standards wurden dann im Begriff F von D3-1 zusammengefaßt. Man könnte nun daran denken, diese Rekonstruktionsmethode dadurch zu verfeinern, daß man den Begriff F in die oben erwähnten Teilaspekte auffächert. Obwohl man dadurch zu Standards *im Sinn der epistemologischen Vorstellungen von Lakatos* gelangte, würde es sich noch immer um Standards auf der *Objektebene* handeln, also um Standards, welche sich die Glieder der betrachteten Forschergruppe selbst geben oder denen sie explizit oder implizit (ohne ausdrückliche Formulierung und Annahme) folgen. Eine völlig andere Situation liegt dagegen vor, wenn es sich dabei um Standards handelt, die auf der *Metaebene* Geltung besitzen, also z. B. für einen Wissenschaftsphilosophen, der diesen Rahmen für den Zweck einer historischen Fallstudie benützt. Diese Standards können von den epistemischen Standards F auf der Objektebene ganz verschieden sein. In einem solchen Fall wäre es zwar zulässig, die deskriptive Analyse mit einer normativen Kritik zu verbinden. Aber man darf dann nicht übersehen, daß ein derartiges, gleichsam ‚doppelstufiges‘ methodisches Vorgehen die Verwirklichung eines anspruchsvollen Projektes voraussetzt. Denn außer der Bereitstellung einer für historische Untersuchungen geeigneten Begriffsapparatur müssen epistemologische Prinzipien zur Verfügung gestellt werden, die *einer unabhängigen Rechtfertigung* bedürfen. Ganz offensichtlich schwebte LAKATOS die Realisierung eines derartigen Projektes vor.

---

4   Zur Vermeidung von Fehldeutungen der Ausführungen von LAKATOS ist es wichtig zu beachten, daß die ‚Theorien‘ in *seinem* Wortsinn, die als Glieder zu einem Forschungsprogramm gehören, in unserer Sprechweise nicht als Theorie-Elemente, sondern als Theorien*netze* oder als die *empirischen Behauptungen* solcher Netze zu interpretieren sind.

Die Überlegungen von LAKATOS blieben allerdings einem von FEYERABEND in [Against Method] auf S. 77 vorgetragenen prinzipiellen Einwand ausgesetzt. FEYERABEND weist an dieser Stelle darauf hin, daß die von LAKATOS gesuchten normativen Maßstäbe nur dann von praktischer Bedeutung seien, wenn sie mit einer *Zeitbegrenzung* verbunden werden. Wird nämlich keine Zeitschranke angegeben, so weiß man nicht, wie lange man warten soll; denn was wie eine beginnende Degeneration aussieht, kann in Wahrheit der Beginn einer längeren Fortschrittsperiode sein. Wird aber eine solche Schranke eingeführt, dann liegt darin eine nicht eleminierbare Willkürkomponente: Wenn man bis zu einem bestimmten Zeitpunkt auf den Erfolg muß warten können, warum dann nicht noch etwas länger?

Man könnte versuchen, auf diese Feyerabendsche Herausforderung die folgende Antwort zu geben, welche die Präsupposition dieser Frage bestreitet: Maßstäbe aufzustellen oder Kriterien zu formulieren ist nur dort möglich, wo *harte* Begriffe vorliegen, wie etwa im Fall der empirischen Überprüfung deterministischer und statistischer Hypothesen. (Vgl. die diesbezügliche Bemerkung weiter oben über POPPER.) Der Begriff der Degeneration eines Forschungsprogramms im Sinn von LAKATOS ist hingegen ein *weicher* Begriff, der nicht unter regelgeleitetes Handeln subsumiert werden kann. An die Stelle von präzise formulierbaren Regeln tritt hier das, was man die Intuition und den Sachverstand von Fachleuten nennt. „Aber wenn man eine solche Haltung einnimmt", so könnte entgegengehalten werden, „muß man dann nicht zwangsläufig den Gedanken an ein Fortschrittskriterium preisgeben?" Keineswegs. Im augenblicklichen Kontext geht es um *vorausschauende* menschliche Einstellungen. Und diese brauchen selbst dann nicht unter feste Maßstäbe subsumierbar zu sein, wenn Fortschrittskriterien verfügbar sind. Denn solche braucht man niemals im Vorblick (prospektiv) anzuwenden und kann dies auch gar nicht. Es ist völlig hinreichend, wenn deren Anwendung im Rückblick (retrospektiv) möglich ist. In einem Schlagwort formuliert: Ob etwas Fortschritt bringen *wird*, weiß in der Gegenwart niemand; trotzdem kann es im Rückblick möglich sein, zu entscheiden, ob es Fortschritt gebracht *hat*. (Vgl. dazu auch die Anmerkungen zur neuesten Variante des Induktionsproblems in Kap. 13.) Damit sei dieser Rückblick beendet.

Selbst wenn man davon ausgehen könnte, daß alle oben angedeuteten Aspekte im Detail ausgebaut worden wären, würde am Ende etwas herauskommen, was viele mit Recht als eine Verniedlichung der Gegensätze zwischen den genannten Diskussionspartnern empfinden müßten. *Ein* Grund dafür ist sofort angebbar: Unter den Herausforderungen der systematisch orientierten Wissenschaftsphilosphie durch die Kuhnschen Gedanken haben wir das Gewicht fast ausschließlich auf eine dieser Herausforderungen verlagert, nämlich auf die ‚relative Immunität von naturwissenschaftlichen Theorien gegenüber aufsässigen Erfahrungen‘. Denn zur Aufklärung dieses Sachverhaltes eignet sich das strukturalistische Konzept besonders gut, wenn man die Wirksamkeit und das Zusammenspiel aller dafür relevanten Gesichtspunkte klar überblickt, wie das Phänomen der *T*-Theoretizität, die Offenheit der Menge der intendierten

Anwendungen, die Unempfindlichkeit der Basiselemente eines Theoriennetzes bei einem Scheitern von Netzverfeinerungen, die mögliche Unvollständigkeit in der Beschreibung bestimmter Anwendungen. Ihre spezifische Schärfe erhält die globale Kuhnsche Herausforderung jedoch erst, wenn man diesen Immunitätsaspekt mit einer zweiten These KUHNS in Verbindung bringt – die in ähnlicher, wenn auch nicht in genau derselben Weise von FEYERABEND vertreten wird –, nämlich mit der Behauptung, daß bei wissenschaftlichen Revolutionen verdrängende und verdrängte Theorie miteinander *inkommensurabel* seien. Es hat sich herausgestellt, daß dies ein äußerst heikler und schwieriger Diskussionspunkt ist. So hat z. B. FEYERABEND in [Changing Patterns] zu begründen versucht, warum er den in II/2 angedeuteten Lösungsvorschlag für untauglich hält. Und D. PEARCE hat in [STEGMÜLLER on KUHN] sogar die Auffassung vertreten, diesen Lösungsvorschlag effektiv widerlegen zu können.

Wir werden erst in Kap. 10 auf die Inkommensurabilitätsproblematik zu sprechen kommen. Der Grund für diese Verschiebung auf später ist ein rein didaktischer: Es erscheint als zweckmäßig, vor der detaillierten Aufnahme dieser Diskussion die Schilderung aller weiteren Verbesserungen und Modifikationen am strukturalistischen Begriffsapparat beendet zu haben. Denn darin werden verschiedene Begriffe genauer expliziert, die für die Inkommensurabilitätsdebatte von Wichtigkeit sind, wie (starke und schwache) Reduktion, approximative Einbettung, allgemeine intertheoretische Relation etc.

Neben Theorienimmunität und Inkommensurabilität gibt es noch eine dritte Kuhnsche Herausforderung. Zwar hängt sie mit den ersten beiden zusammen; doch bildet sie trotzdem diesen gegenüber ein Novum. Es geht hier um die wohl modernste Variante philosophischer Diskussionen des Induktionsproblems, nämlich um das Thema „*rationale Theorienwahl*". Es ist insbesondere das Verdienst von C. G. HEMPEL, im Verlauf einer Reihe von Debatten innerhalb der letzten Jahre sowohl auf die Eigenständigkeit dieses Aspektes hingewiesen als auch eine Einordnung in die Induktionsproblematik vorgenommen zu haben.

Die dritte Herausforderung KUHNS ist vor allem deshalb ebenso frappierend wie faszinierend, weil sie *die bei weitem radikalste Stellungnahme zur ,Methode der Induktion*' beinhaltet, *die im bisherigen Verlauf der Geschichte der Philosophie zu diesem Thema geäußert worden ist.* Obwohl eine ausführliche Erörterung der Induktionsproblematik im gegenwärtigen Rahmen nicht möglich ist, soll dieser Punkt in Kap. 13 doch so weit zur Sprache kommen, daß die Kuhnsche Position deutlich hervortritt und die mutmaßliche Lösung der darin implizit enthaltenen Probleme zumindest in Umrissen als ein klar formulierbares metatheoretisches Forschungsprojekt sichtbar wird. Die dortigen Überlegungen werden auch die oben versuchte Antwort auf FEYERABENDS Einwand gegen LAKATOS etwas verständlicher machen. Diese Antwort rückt nämlich die Wissenschaftsphilosophie von LAKATOS in größere Nähe zu KUHN als dies den ,kritischen Rationalisten' lieb sein dürfte. Denn für die Grundkonzepte beider Philosophen wird das Operieren mit ,weichen' statt mit ,harten' Begriffen vorgeschlagen, etwa bei der Beantwortung der Frage: „Warum soll ein Forschungsprogramm (ein normalwissenschaftlicher Prozeß) fortgesetzt bzw. abgebrochen werden?" In Kap. 13

soll angedeutet und an anderer Stelle ausführlicher begründet werden, warum dieser Rückgriff auf weiche Begriffe überhaupt nichts ausmacht: Nur für den *retrospektiven* Aspekt der Theorienwahl bzw. der Induktion benötigt man so etwas wie *harte Begriffe, die als Kriterien benützbar sind.*

3.5 Ein möglicher Ausblick: Theorien als Komponenten ,geschichtlicher Regelsysteme' im Sinn von K. Hübner

Die in diesem Kapitel behandelten Erweiterungen reiner Theorie-Elemente und Theoriennetze bilden bloß *eine* Möglichkeit, diese beiden für die adäquate Wiedergabe von Theorien grundlegenden Gebilde durch zusätzliche pragmatische Faktoren zu ergänzen. In Kap. 8 werden wir eine ganz andere Ergänzungsmethode kennen lernen, welche diese beiden Entitäten zu geeigneten Objekten von Approximationsstudien macht. Über noch andersartige Erweiterungen zu spekulieren, ergibt vermutlich erst dann einen Sinn, wenn die Zielsetzungen genauer umschrieben sind, denen sie dienen sollen. *Eine* ganz bestimmte derartige Zielsetzung sei hier erwähnt und kurz diskutiert.

K. HÜBNER hat in seinem Buch [Kritik] neben vielen anderen dort behandelten Aspekten, welche die komplexen Beziehungen von Wissenschaft und Kultur sowie die geschichtlichen Verflechtungen der Wissenschaften betreffen, vor allem die Notwendigkeit betont, in systematischen und historischen Studien wissenschaftliche Theorien nicht in Isolierung zu betrachten. Vielmehr sollten und müßten solche Theorien als Komponenten umfassenderer *,geschichtlicher Systemmengen'* untersucht werden, zu denen auch die anderen Bereiche des kulturellen und sozialen Lebens gehören, wie Wert- und Rechtssysteme, Wirtschaftsordnung, Geschäftswelt, Staatsleben und politische Hierarchien, Kunst, Musik, Religion, Sprache samt den für diese geschichtlichen Teilsysteme geltenden, von Menschen geschaffenen Regeln. Im Rahmen der Überlegungen HÜBNERS hat dies nicht etwa den Charakter eines allgemeinen kulturphilosophischen Postulates oder der Konsequenz eines solchen. Vielmehr findet darin eine grundsätzliche philosophische Problemstellung ihren Niederschlag. HÜBNER erhebt diese Forderung, weil er die in der Neuzeit allgemein akzeptierte These in Frage stellt, daß die Wissenschaften ,den einzigen Weg zur Wahrheit' lieferten, daß sie, wie er es formuliert, ,,allein den Zugang zur Wahrheit und Wirklichkeit ,gepachtet' hätten" (a.a.O. S 219).

Wie immer in diese Richtung verlaufende philosophische Betrachtungen und Spekulationen aussehen, auf alle Fälle werden sie der Stützung durch Detailuntersuchungen bedürfen. Aber wie könnten solche aussehen? Systematische Untersuchungen dieser Art fehlen bislang fast vollständig, zum Teil vermutlich wegen mangelnder begrifflicher Hilfsmittel zur Erfassung der außerwissenschaftlichen kulturellen Faktoren, aber auch der ,entsprechenden' Teile von Theorien (im präsystematischen Wortsinn), bei denen diese Faktoren ,eingreifen' könnten. Hier werden sich vielleicht, zumindest was den kulturellen

Faktor *Wissenschaft* betrifft, geeignete Spezialisierungen des allgemeinen Rahmenbegriffs *Pragmatische Erweiterungen von Theorie-Elementen und Theoriennetzen* als adäquate Ansatzpunkte für Präzisierungen der von HÜBNER angestrebten innerkulturellen und interkulturellen Relationen erweisen. Angenommen nämlich, es gelänge, auch die außerwissenschaftlichen Faktoren geschichtlicher Systemmengen mit Hilfe von Begriffen zu erfassen, die als so etwas wie ‚Elemente' und als ‚Netze' deutbar sind[5], dann könnten vermutlich die fraglichen Relationen über die ‚*Verzahnungen*' der pragmatische Komponenten enthaltenden Glieder der ‚theoretischen' und der ‚außertheoretischen' Elemente erzeugt werden. Die Erfolgschancen eines derartigen Projektes hängen davon ab, ob und inwieweit eine hinlänglich genaue Systematisierung anderer kultureller Faktoren gelingt.

Wenn wir ein solches Gelingen für den Augenblick unterstellen, so würde dies z. B. zur Folge haben, daß sich Theorienevolutionen im hier präzisierten Sinn einbetten lassen in die viel umfassenderen Änderungen von Systemmengen im Sinn von HÜBNER. Analog würden Theorienverdrängungen als ‚Mutationen' in seinem Sinn (a.a.O. S. 210) aufzufassen sein, deren vervollständigtes Bild ebenfalls eine bestimmte Art von Wissen um den Wandel geschichtlicher Systemmengen erfordern würde.

Analysen der angedeuteten Art werden, zumindest in den ersten Untersuchungsstadien, vielleicht gar keinen oder höchstens einen indirekten Beitrag liefern zu HÜBNERS eigentlichem Anliegen, eine *Begründung* dafür zu gewinnen, daß die Infragestellung der Wissenschaft als des ‚einzigen Weges zur Wahrheit' berechtigt war. Aber dies wäre nicht unbedingt ein Nachteil. Worauf es ankäme, wäre eine allmähliche Verbesserung unseres Verständnisses des *Zusammenspiels* von Wissenschaft und ‚außerwissenschaftlichen Komponenten geschichtlicher Systemmengen' in unserer Wirklichkeitserfassung. Keineswegs hingegen sollte mit derartigen Analysen das Fernziel verfolgt werden, eine Art Nachweis dafür zu erbringen, daß die erwähnten nichtwissenschaftlichen Institutionen zur Gänze oder auch nur teilweise mit der Wissenschaft ‚gleichwertige', ebenfalls der Erfassung der Wirklichkeit dienende und daher mit der Wissenschaft *konkurrierende* Unternehmungen bilden. Der einzige uns bekannte potentielle Konkurrent der Wissenschaft wäre der Mythos, den HÜBNER im letzten Kapitel seines Buches eindrucksvoll schildert. Aber eben dieser Mythos ist, als eine nichtwissenschaftliche Weise der Welterfassung und damit als ein derartiger Konkurrent, längst weggefallen, seit er in Religion und Kunst auseinanderbrach und dadurch als Ganzes verschwand, wie HÜBNER dort betont.

Das Hübnersche Anliegen läßt sich vielleicht zusätzlich dadurch verdeutlichen, daß man eine Analogisierung zur Behandlung eines anderen Gegenstandes vornimmt, der in der heutigen wissenschaftsphilosophischen Diskussion eine

---

5 Daß zumindest die ersten Schritte einer begrifflichen Konzeptualisierung mit den bei der Rekonstruktion einer wissenschaftlichen Theorie benützten sogar *identisch* sein könnten, da sich die axiomatische Methode zur Erfassung nichtwissenschaftlicher Komponenten geschichtlicher Systemmengen nutzbar machen ließe, wird von HÜBNER a.a.O. auf S. 194 selbst betont.

zentrale Stelle einnimmt, nämlich: „*wissenschaftliche Rationalität*". Dieses Thema wird weder in HÜBNERS Werk noch im vorliegenden Buch systematisch erörtert; allerdings wird es hier in den mehr ‚philosophischen' Kapiteln 10 bis 13 häufig angesprochen werden. Heute scheint unter Philosophen die Auffassung weit verbreitet zu sein, größere Klarheit über die Natur der wissenschaftlichen Rationalität lasse sich nur dadurch gewinnen, daß man sie vom ‚arationalen' oder gar ‚irrationalen' Räsonieren in den nichtwissenschaftlichen Bereichen immer stärker und deutlicher abhebt. Aber vermutlich wird auch hier eine endgültige Klarheit erst dann erzielbar sein, wenn man sich zu einer radikalen Umkehr in der Verfahrensweise entschließt und diese anderen Bereiche, statt sie von vornherein außer Betracht zu lassen, systematisch mit einbezieht. Es könnte sich dann sogar herausstellen, daß die Formen der Rationalität, auf die man in der Wirtschaft und im Geschäftsleben, im politischen Bereich und sogar in typischen Alltagssituationen stößt, wie die moderne Entscheidungstheorie zeigt – daß diese Formen der Rationalität auch die sogenannte wissenschaftliche Rationalität nicht nur wesentlich ergänzen, sondern sie sogar mittragen.

Literatur

FEYERABEND, P. [Against Method], "Against Method: Outline of an Anarchistic Theory of Knowledge", in: *Minnesota Studies in the Philosophy of Science*, Bd. 4 (1970), S. 17–130. Deutsche Übersetzung: *Wider den Methodenzwang*, Frankfurt a. M. 1976.

FEYERABEND, P., "Consolations for the Specialist", in: I. LAKATOS und A. MUSGRAVE (Hrsg.), [Growth], S. 197–230. Deutsche Übersetzung: „Kuhns Struktur wissenschaftlicher Revolutionen – ein Trostbüchlein für Spezialisten?", in: I. LAKATOS und A. MUSGRAVE (Hrsg.), [Erkenntnisfortschritt], S. 191–222.

FEYERABEND, P. [Changing Patterns], "Changing Patterns of Reconstruction", *The British Journal for the Philosophy of Science*, Bd. 28 (1977), S. 351–369.

GUTTING, G. (Hrsg.), *Paradigms and Revolutions*, Notre Dame, Indiana, 1980.

HOWSON, C. (Hrsg.) [Appraisal], *Method and Appraisal in the Physical Sciences*, Cambridge 1976.

HÜBNER, K. [Kritik], *Kritik der wissenschaftlichen Vernunft*, Freiburg/München 1978.

KUHN, T. S. [Revolutions], *The Structure of Scientific Revolutions*, 2. erweiterte Aufl. Chicago 1970. Deutsche Übersetzung durch H. VETTER: *Die Struktur wissenschaftlicher Revolutionen*, 5. Aufl. Frankfurt 1981.

KUHN, T. S., "Logic of Discovery or Psychology of Research?", in: I. LAKATOS und A. MUSGRAVE (Hrsg.), [Growth], S. 1–23.

KUHN, T. S., "Reflection on my Critics", in: I. LAKATOS und A. MUSGRAVE, (Hrsg.), [Growth], S. 231–278.

KUHN, T. S., "Notes on Lakatos", in: R. C. BUCH und R. S. COHEN (Hrsg.), *Boston Studies in the Philosophy of Science*, Bd. 8 (1971), S. 137–146.

LAKATOS, I. [Research Programmes], "Falsification and the Methodology of Scientific Research Programmes", in: I. LAKATOS und A. MUSGRAVE (Hrsg.), [Growth], S. 91–195.

LAKATOS, I. [History], "History of Science and its Rational Reconstructions", in: R. C. BUCH and R. S. COHEN (Hrsg.), *Boston Studies in the Philosophy of Science*, Bd. 8 (1971), S. 91–136; abgedruckt in: Howson, C. (Hrsg.), [Appraisal], S. 1–39.

LAKATOS, I., "Reply to Critics", in: *Boston Studies in the Philosophy of Science*, Bd. 8, S. 174–182.

LAKATOS, I. and A. MUSGRAVE (Hrsg.), [Growth], *Criticism and the Growth of Knowledge*, Cambridge 1970. Deutsche Übersetzung durch P. FEYERABEND und A. SZABÓ, [Erkenntnisfortschritt], *Kritik und Erkenntnisfortschritt*, Braunschweig 1974.

MOULINES, C. U. [Evolution], "Theory-Nets and the Evolution of Theories: The Example of Newtonian Mechanics", *Synthese*, Bd. 41 (1979), S. 417–439.

MOULINES, C. U. [Reply], "Reply to John D. North, 'On Making History'", in: J. HINTIKKA, D. GRUENDER und E. AGAZZI (Hrsg.), *Pisa Conference Proceedings*, Bd. 2, Dordrecht 1980, S. 280–290.

NORTH, J. D., "On Making History", in: J. HINTIKKA, D. GRUENDER und E. AGAZZI (Hrsg.), *Pisa Conference Proceedings*, Bd. 2, Dordrecht 1980, S. 272–282.

POPPER, K., *Logik der Forschung*, 4. Aufl. Tübingen 1971.

POPPER, K., "Normal Science and its Dangers", in: I. LAKATOS and A. MUSGRAVE (Hrsg.), [Growth], S. 51–58. Deutsche Übersetzung: „Die Normalwissenschaft und ihre Gefahren", in: I. LAKATOS und A. MUSGRAVE (Hrsg.), [Erkenntnisfortschritt], S. 51–58.

QUINE, W. V. und ULLIAN, J. S., *The Web of Belief*, New York 1978.

STEGMÜLLER, W. [View], *The Structuralist View of Theories*, Berlin–Heidelberg–New York 1979.

STEGMÜLLER, W. [Neue Wege], *Neue Wege der Wissenschaftsphilosophie*, Berlin–Heidelberg–New York 1980.

STEGMÜLLER, W. [Erklärung], *Erklärung, Begründung, Kausalität*, Berlin–Heidelberg–New York 1983.

Kapitel 4

Reduktion

4.1 Intuitiver Hintergrund. Adäquatheitsbedingungen

Wenn man die Frage stellt, ob eine gegebene Theorie T mittels einer anderen, reicheren Theorie T' ,erklärbar ist' oder ,auf diese reichere Theorie reduziert werden kann' – oder in nochmals anderer Formulierung: ob sich T in T' ,einbetten' läßt –, so formuliert man damit ein Problem, welches eine intertheoretische Relation betrifft. Und zwar würde es sich im Fall der positiven Antwort auf diese Frage um eine Relation handeln, die sowohl im präexplikativen als auch im explikativen Sinn als intertheoretisch zu bezeichnen wäre. Ersteres deshalb, weil hier zwei Theorien miteinander verglichen werden, die von den zuständigen Fachwissenschaftlern als verschieden angesehen werden. Letzteres deswegen, weil die Relation innerhalb des strukturalistischen Rahmens je nach Fall entweder als eine Relation zwischen zwei verschiedenartigen Theorie-Elementen oder sogar als eine Relation zwischen verschiedenen Theoriennetzen mit unterschiedlichen Basiselementen zu rekonstruieren wäre. Bei der Behandlung der Reduktionsproblematik ist der in Kap. 2 eingeführte neue Formalismus, also die ,Sprache der Theorie-Elemente und Theoriennetze', dem alten, in II/2, Kap. VIII, 9 benützten, in bezug auf Durchsichtigkeit und Handlichkeit überlegen.

Genauer gesprochen erweist sich der alte Apparat in dreifacher Hinsicht als schwerfällig: Erstens wurde der in II/2, D 9, S. 130, eingeführte, als 8-Tupel rekonstruierte Begriff des erweiterten Strukturkernes zugrunde gelegt. Zweitens mußte statt der einfachen Anwendungsoperation **A** von II/2, S. 129, die wesentlich kompliziertere Anwendungsoperation $\mathbf{A}_e$ von S. 133 verwendet werden, die erweiterte Strukturkerne als Argumente nimmt. Drittens wurde dabei explizit Gebrauch gemacht von der in II/2 auf S. 131 definierten mehr-mehrdeutigen ,Zuordnungsrelation zwischen intendierten Anwendungen und Spezialgesetzen' α. All das zusammen dürfte die Lektüre von II/2, S. 146–151 erheblich erschweren.

Jetzt fallen alle diese Komplikationen fort: Da jedes Spezialgesetz als Theorie-Element rekonstruiert wird, benötigt man stets nur die einfache Anwendungsoperation **A**; damit wird automatisch auch die Relation α überflüssig. Schließlich fällt auch der Begriff des erweiterten Strukturkernes E fort. Er wird durch den des Netzes von Theorie-Elementen ersetzt.

Trotz dieser erzielten Vereinfachungen dürfte es zweckmäßig sein, sich vor Beginn der eigentlichen Explikation die Minimalbedingungen an Adäquatheit für einen Reduktionsbegriff vor Augen zu führen. Dabei gehen wir aus Einfachheitsgründen davon aus, daß wir reduzierte und reduzierende Theorie als ,bloße Theorie-Elemente' rekonstruieren können. Es seien also

$T = \langle K, I \rangle$ und $T' = \langle K', I' \rangle$ zwei Theorie-Elemente mit $K = \langle M_p, M, M_{pp}, Q \rangle$ und $K' = \langle M'_p, M', M'_{pp}, Q' \rangle$. Welche Minimalbedingungen müssen erfüllt sein, um sagen zu können, daß T reduzierbar ist auf T'?

Zur Beantwortung dieser Frage nehmen wir nochmals *zwei Vereinfachungen* vor. Die erste betrifft *die Art der Reduktion*: Historische Fallstudien könnten ergeben, daß häufig in interessanten, realistischen Fällen von Theorienreduktionen gar keine ‚exakten‘ Reduktionen vorliegen, sondern bloß ‚näherungsweise‘ oder ‚approximative‘ Zurückführungen der einen Theorie auf eine andere. Wir beschränken uns hier vorläufig dennoch auf die Aufgabe, einen Begriff der exakten (strengen) Reduktion einzuführen. Sollte sich die eben angedeutete historische Vermutung bewahrheiten, so wären die im vorliegenden Abschnitt eingeführten Reduktionsbegriffe in den erwähnten Fällen als idealtypische Begriffe nur von methodischer Wichtigkeit, und zwar in einem genau präzisierbaren Sinn. In Kap. 8, Abschn. 4 und 5 werden wir uns dem Problem der *approximativen Reduktion* zuwenden. Wie sich dort herausstellen wird, führt bereits die Aufgabe, geeignete Approximationsbegriffe zu präzisieren, zu schwierigen wissenschaftsphilosophischen und technischen Fragen. Bei der weiteren Zielsetzung, präzisierte Versionen der beiden Begriffsfamilien *Approximation* und *Reduktion* miteinander zu kombinieren, bestünde die große Gefahr, den roten Faden zu verlieren, sofern man nicht schon über einen *als Orientierungshilfe dienenden* Begriff der exakten Reduktion verfügte. Der letztere würde dann in dem Sinne einen methodischen Ausgangspunkt bilden, als man sich zu überlegen hätte, wie der Begriff der strengen Reduktion zu modifizieren und zu liberalisieren wäre, um einen adäquaten Begriff der approximativen Reduktion zu erhalten. Das Gesagte gilt natürlich a fortiori insofern, als die exakte Reduktion als Grenzfall in der wissenschaftlichen Praxis tatsächlich vorkommt, und ihre Explikation daher nicht bloß darauf hinausläuft, einen Apparat von Hilfsbegriffen bereitzustellen, die einem anderen Zweck dienen.

Die zweite Vereinfachung ist technischer Natur. Wie wir aus den vorangehenden Betrachtungen wissen, ergeben sich immer wieder Komplikationen dadurch, daß wir außer den Gesetzen stets auch die Querverbindungen zu berücksichtigen haben. In diesen intuitiven Vorbetrachtungen wollen wir so tun, als dürften wir die Querverbindungen vernachlässigen. Dann erhalten wir für die zu definierende Reduktionsrelation ϱ zwischen (reduziertem) Theorie-Element T und davon verschiedenem (reduzierendem) Theorie-Element T' die folgenden *vier minimalen Adäquatheitsbedingungen*:

(I)   Es gilt $\varrho \subseteq M_p \times M'_p$ (wobei natürlich die vorausgesetzte Verschiedenheit der beiden Theorie-Elemente so zu verstehen ist, daß auch $M_p \neq M'_p$).

(II)   Die Umkehrrelation ϱ^{-1} von ϱ ist mehr-eindeutig, also eine Funktion.

(III)   Die Gesetze der reduzierten Theorie können aus den Gesetzen der reduzierenden Theorie abgeleitet werden. Genauer: Wenn die beiden potentiellen Modelle x und x' in der Entsprechungsrelation ϱ zueinander stehen, dann hat die Gültigkeit der Gesetze von T' für x' die Gültigkeit der Gesetze von T für x zur Folge. Da die Gesetze unserer beiden Theorien durch die zwei Mengen M und M' repräsentiert werden, besagt diese letzte Aussage nach Übersetzung in die mengentheoretische Sprechweise:

Für alle x und x', wenn $\langle x, x' \rangle \in \varrho$ und $x' \in M'$, dann $x \in M$.

(IV)   Die Relation ϱ setzt außer den nicht-theoretischen Größen auch die theoretischen in Beziehung zueinander. Allerdings besitzt die Relation ϱ einen rein nicht-theoretischen Bestandteil (später „γ_ϱ" genannt). Die letzte Adäquatheitsbedingung besagt, daß die intendierten Anwendungen I und I' der beiden Theorien in der durch den nicht-theoretischen Bestandteil γ_ϱ von ϱ erzeugten Entsprechungsrelation zueinander stehen.

Die ersten beiden Bedingungen bringen die zu Beginn von II/2, Kap. VIII,9 angestellten Überlegungen auf eine knappe Formel (vgl. insbesondere die beiden letzten Absätze von S. 145): Die reduzierende Theorie liefert in der Regel mehrere Beschreibungen eines physikalischen Systems, wo die reduzierte nur eine einzige Beschreibung liefert. Dabei sind in (I) und (II) zu den nicht-theoretischen Beschreibungen die theoretischen gleich hinzugenommen worden. Die zu ϱ inverse Relation ϱ^{-1} ist, wie üblich, definiert durch:

$$\varrho^{-1} := \{\langle y, x \rangle | \langle x, y \rangle \in \varrho\}.$$

(III) formuliert nur die wesentliche Grundidee. Die Berücksichtigung aller Einzelheiten führt zu komplizierteren Formulierungen, einmal wegen der zu berücksichtigenden Querverbindungen und zum anderen wegen der theoretisch-nicht-theoretisch-Dichotomie. Die letztere wird eine Aufsplitterung bewirken, je nachdem, ob man den (entsprechend ergänzten) Wenn-Dann-Satz auf der theoretischen Ebene formuliert oder ihn ,herunterprojiziert' auf die nicht-theoretische Ebene. Dieser Aufsplitterung wird die Unterscheidung zwischen starker und schwacher Reduktion entsprechen.

Die Bedingung (IV) wurde ziemlich vage formuliert. Für den gegenwärtigen Zweck einer anschaulichen Formulierung minimaler Adäquatheitsbedingungen ist dies jedoch ausreichend. Die formalen Gegenstücke zu (IV) werden die Bestimmungen (3) von D 4-4 und (5) von D 4-5 bilden.

4.2 Starke und schwache Reduktion für Theorie-Elemente. Das Induktionstheorem für Reduktionen

In allen folgenden Definitionen werde vorausgesetzt, daß P^1, P^2 nicht leer sind und daß $T^1 = \langle K^1, I^1 \rangle$ sowie $T^2 = \langle K^2, I^2 \rangle$ Theorie-Elemente mit Kernen $K^1 = \langle M_p^1, M^1, M_{pp}^1, Q^1 \rangle$ und $K^2 = \langle M_p^2, M^2, M_{pp}^2, Q^2 \rangle$ sind. (Die oberen Indizes verwenden wir größerer Anschaulichkeit halber. T^1 repräsentiert die ,schwächere', zu reduzierende Theorie, T^2 die ,stärkere', reduzierende Theorie. In den beiden Hilfsmengen P^1 und P^2 der folgenden Definitionen antizipieren wir diese Indizierung.)

D 4-1 ϱ ist eine *Quasi-Reduktion von P^1 auf P^2* (kurz: $rd(\varrho, P^1, P^2)$) gdw

(1) $\varrho \subseteq P^1 \times P^2$;

(2) $D_I(\varrho) = P^1$;

(3) $\varrho^{-1} : D_{II}(\varrho) \rightarrow P^1$.

Durch diese Definition wird allen ,intertheoretischen' Relationen, welche die ersten beiden Adäquatheitsbedingungen (für die abstrakten nichtleeren Mengen P^1 und P^2 statt M_p und M'_p) erfüllen, der Name „Quasi-Reduktion" (von P^1 auf P^2) gegeben. Die letzte Bedingung drückt gerade aus, daß die Umkehrung ϱ^{-1} von ϱ eine Funktion ist, und zwar genauer: eine Abbildung des Wertbereiches von ϱ in den Argumentbereich P^1 von ϱ.

D 4-2 Es gelte $rd(\varrho, P^1, P^2)$. Dann ist
$$\bar{\varrho} := \{\langle X, Y \rangle \in Pot(P^1) \times Pot(P^2) | \bigvee c(c : X \rightarrow Y \wedge c \text{ ist eine Bijektion}$$
$$\wedge \bigwedge x \in X(\langle x, c(x) \rangle \in \varrho))\}.$$

Diese Definition hat im Prinzip nur die Aufgabe, die Quasi-Reduktion ϱ um eine Stufe nach oben, also auf die Ebene der Potenzmengen, zu befördern. Zwecks Ausschaltung unerwünschter Resultate wird zusätzlich verlangt, daß die beiden in der Relation $\bar{\varrho}$ zueinander stehenden Mengen X und Y von gleicher Kardinalität sind (so daß zwischen ihnen eine Bijektion c besteht).

Die nächste Definition dient dazu, eine auf der theoretischen Stufe wirksame Reduktionsrelation auf die nicht-theoretische Stufe zu ,projizieren'.

D 4-3 Es sei $\varrho \subseteq M_p^1 \times M_p^2$. Dann ist
$$\gamma_\varrho := \{\langle x_1, x_2 \rangle \in M_{pp}^1 \times M_{pp}^2 | \bigvee \langle y_1, y_2 \rangle \in \varrho(x_1 = r^0(y_1) \wedge x_2$$
$$= r^0(y_2))\}.$$

(In der Symbolik von BALZER und SNEED, [Net Structures] sowie von [View] wäre diese Relation durch „$\hat{\varrho}$" zu bezeichnen. Wir führen statt dessen ein neues Zeichen ein, um die Anzahl der Bezeichnungen für Operationen, die oberhalb eines Relationssymbols anzufügen sind, nicht nochmals zu vergrößern.)

In den drei bisherigen Definitionen wurden nur Hilfsbegriffe eingeführt. Die nächste Definition präzisiert die eine Hälfte der in der Adäquatheitsbedingung (III) ausgedrückten Forderung, und zwar *auf der nicht-theoretischen Ebene*. Diese Präzisierung kann in der Sprache der empirischen Behauptungen der beiden Theorie-Elemente ausgedrückt werden: „Jede mögliche empirische Behauptung des reduzierten Theorie-Elementes folgt aus der ,entsprechenden' empirischen Behauptung des reduzierenden Theorie-Elementes" bzw. in intuitiverer Fassung: „Alles, was die reduzierte Theorie über eine mögliche Anwendung behauptet, folgt aus dem, was die reduzierende Theorie über eine ,entsprechende' Anwendung behauptet" oder noch kürzer: „Was immer die alte Theorie empirisch geleistet hat, das leistet auch die neue Theorie". Die genaue Fassung dieses Gedankens findet sich als Inhalt der Bestimmung (2) von D 4-4. Die dabei benützte Entsprechungsrelation setzt auf der nicht-theoretischen Ebene ein und ist daher als eine Quasi-Reduktion (im Sinne von D 4-1) zwischen den beiden Klassen M_{pp}^1 und M_{pp}^2 zu rekonstruieren. Genau dies besagt die Bestimmung (1) von D 4-4. Schließlich muß noch der Adäquatheitsbedingung

(IV) Rechnung getragen werden. Dies geschieht in präzisierter Form in D 4-4,(3). Danach entspricht jeder einzelnen intendierten Anwendung der reduzierten Theorie aufgrund der Quasi-Reduktion ϱ eine intendierte Anwendung der reduzierenden Theorie.

D 4-4 ϱ *reduziert* T^1 *schwach auf* T^2 (kurz: $Red_{sch}(\varrho, T^1, T^2)$) gdw gilt:
(1) $rd(\varrho, M^1_{pp}, M^2_{pp})$;
(2) $\wedge \langle X^1, X^2 \rangle \in Pot(M^1_{pp}) \times Pot(M^2_{pp})(X^2 \in \mathbb{A}(K^2) \wedge X^1$ ist nicht leer $\wedge \langle X^1, X^2 \rangle \in \bar{\varrho} \to X^1 \in \mathbb{A}(K^1))$;
(3) $\wedge x_1 \wedge X^1 (x_1 \in X^1 \wedge X^1 \in I^1 \to \vee X^2 \vee x_2 (x_2 \in X^2 \wedge X^2 \in I^2 \wedge \langle x_1, x_2 \rangle \in \varrho)$.

Zusätzlich zu den bereits gegebenen inhaltlichen Erläuterungen sei noch auf die folgenden, mehr technischen Aspekte aufmerksam gemacht:

(*a*) In (1) wird der in D 4-1 definierte Begriff verwendet. Obwohl also gesagt wird, daß ϱ *das erste Theorie-Element auf das zweite reduziert*, ist die Relation ϱ bloß eine die beiden zusätzlichen Bedingungen (2) und (3) erfüllende Quasi-Reduktion zwischen *partiellen* potentiellen Modellen, operiert also ausschließlich auf ‚empirischer‘ (nicht-theoretischer) Ebene.

(*b*) Daß in (2) die gemäß D 4-2 in Abhängigkeit von ϱ definierte Funktion $\bar{\varrho}$ verwendet wird, hat seinen – uns aus anderen Zusammenhängen bereits bekannten – Grund darin, daß auf der theoretischen Kernebene die Gültigkeit der Querverbindungen verlangt wird, die nicht auf einzelne, theoretisch ergänzte partielle potentielle Modelle anwendbar sind, sondern nur auf *Mengen von* solchen.

(*c*) Das doppelte Vorkommen der Elementschaftsrelation in (3) hat seinen Grund darin, daß wir einerseits die Mengen I^1 bzw. I^2 wieder als Klassen ‚artmäßig zusammengefaßter‘ intendierter Anwendungen deuten (so daß das X^j in $X^j \in I^j$ für j = 1, 2 jeweils *eine* solche Anwendungsart ist), andererseits aber jetzt *individuelle* intendierte Anwendungen in der oben geschilderten Weise einander entsprechen lassen müssen.

Es liegt nahe, in Ergänzung zu diesem Reduktionsbegriff von D 4-4 einen weiteren einzuführen, an den insofern höhere Ansprüche gestellt werden, als darin nicht bloß eine Entsprechung auf nicht-theoretischer Ebene vorausgesetzt wird, sondern *außerdem eine Entsprechung auf theoretischer Ebene*, so daß hier also die beiden Strukturen auf solche Weise miteinander in Beziehung gesetzt werden, daß sämtliche Komponenten beider Strukturen in diese Beziehung eingehen. Eine solche Relation kann offenbar nicht bei den M_{pp}'s, sondern muß bei den M_p's ansetzen.

D 4-5 ϱ *reduziert* T^1 *stark auf* T^2 (kurz: $Red_{st}(\varrho, T^1, T^2)$) gdw gilt:
(1) $rd(\varrho, M^1_p, M^2_p)$;
(2) $rd(\gamma_\varrho, M^1_{pp}, M^2_{pp})$;
(3) $\wedge \langle Y^1, Y^2 \rangle \in Pot(M^1_p) \times Pot(M^2_p)(Y^2 \in Pot(M^2) \cap C^2 \wedge Y^1$ *ist nicht leer* $\wedge \langle Y^1, Y^2 \rangle \in \bar{\varrho} \to Y^1 \in Pot(M^1) \cap C^1)$;

(4) $\wedge \langle x_1, x_2 \rangle \in \gamma_\varrho \wedge y_2 \in M^2 (x_2 = r^0(y_2)$
$\rightarrow \vee y_1 \in M^1 (\langle y_1, y_2 \rangle \in \varrho \wedge r^0(y_1) = x_1))$;

(5) $\wedge x_1 \wedge X^1 (x_1 \in X^1 \wedge X^1 \in I^1$
$\rightarrow \vee X^2 \vee x_2 (x_2 \in X^2 \wedge X^2 \in I^2 \wedge \langle x_1, x_2 \rangle \in \gamma_\varrho)$.

Kommentar: Zum Unterschied von D 4-4 ist ϱ diesmal eine Quasi-Reduktion der Menge M_p^1 der *potentiellen* Modelle der ersten Theorie auf die Menge M_p^2 der *potentiellen* Modelle der zweiten Theorie; ϱ operiert also von vornherein auf der theoretischen Ebene. In (2) wird allerdings zusätzlich verlangt, daß die ‚Projektion‘ γ_ϱ von ϱ auf die ‚empirische‘, d.h. nicht-theoretische Ebene eine Quasi-Reduktion von M_{pp}^1 auf M_{pp}^2 liefert. (3) beinhaltet das ‚theoretische Analogon‘ zu (2) von D 4-4, das der zweiten Hälfte der Adäquatheitsbedingung (III) entspricht. Wenn man bedenkt, daß der in D 4-4 vorkommende Ausdruck „$A(K)$" dasselbe besagt wie „$r^2(Pot(M) \cap C)$" und daß es genau Ausdrücke von der Gestalt des Argumentes von „r^2" sind (also von der Form „$Pot(M) \cap C$"), die in D 4-5,(3) benützt werden, so könnte man die fraglichen Teilaussagen von (3) als *theoretisch ergänzte mögliche empirische Behauptungen* der beiden Theorie-Elemente bezeichnen. (3) besagt dann: „Jede mögliche theoretisch ergänzte empirische Behauptung des reduzierten Theorie-Elementes, die überhaupt eine Entsprechung im anderen Theorie-Element besitzt, folgt aus der ‚entsprechenden‘ theoretisch ergänzten empirischen Behauptung des reduzierenden Theorie-Elementes". Hier ist wieder zu beachten, daß die dabei benützte Entsprechungs-relation ϱ diesmal auf der theoretischen Stufe einsetzt, da sie eine Quasi-Reduktion von M_p^1 auf M_p^2 ist. (4) besagt ungefähr, daß zu je zwei partiellen potentiellen Modellen, die in der durch ϱ ‚empirisch induzierten‘ Relation γ_ϱ zueinander stehen, geeignete theoretische Ergänzungen, nämlich Modelle, existieren, die sich gemäß ϱ aufeinander beziehen. Diese Bedingung ist, zusammen mit (1), für den Beweis des folgenden Induktionstheorems erforderlich.

Wir werden sagen, daß T^1 stark (schwach) auf T^2 *reduzierbar* ist gdw es ein ϱ gibt, welches T^1 stark (schwach) auf T^2 reduziert.

Th. 4-1 (Induktionstheorem für Reduktion) T^1 und T^2 seien zwei Theorie-Elemente, so daß T^1 durch ϱ stark auf T^2 reduziert wird. Dann reduziert γ_ϱ das Theorie-Element T^1 schwach auf T^2.

Der *Beweis* ergibt sich aus den Definitionen unter Benützung der vorangehenden Erläuterungen.

Gegen die Aufsplitterung der Adäquatheitsbedingung (III) in die beiden in D 4-4 und D 4-5 definierten Begriffe könnte man den prima facie plausiblen Einwand vorbringen, daß diese Aufspaltung künstlich und überflüssig sei; denn wo immer die ‚Zurückführbarkeit‘ einer Theorie auf eine andere behauptet wird, müsse man die Reduzierbarkeit *sowohl* auf der theoretischen *als auch* auf der nicht-theoretischen Ebene zeigen können. Doch dies wäre vermutlich eine Voreiligkeit! Sofern die beiden Theorien *derselben wissenschaftlichen Tradition* entstammen, trifft zwar der Einwand zu, weshalb man hier von vornherein mit dem Begriff der starken Reduktion arbeiten könnte. Wenn hingegen die beiden

Theorien durch einen solchen Prozeß getrennt sind, den T. S. KUHN eine *wissenschaftliche Revolution* nennt, ist die Voraussetzung für die Anwendung des Begriffs der starken Reduktion nicht gegeben, nämlich die ‚Übersetzungsmöglichkeit' der theoretischen Begriffe der älteren in die der neueren Theorie. Hier sind die beiden theoretischen Superstrukturen nach KUHN *inkommensurabel*. Der in D 4-4 eingeführte Begriff hingegen ist im Prinzip auch in einem solchen Fall anwendbar. Daher könnte es sich vielleicht herausstellen, daß der – evtl. ‚approximativ abgeschwächte' – Begriff der schwachen Reduktion den Schlüssel für die Lösung des Inkommensurabilitätsproblems liefert, ungeachtet der Tatsache, daß der Begriff der starken Reduktion für eine solche Lösung untauglich ist.

4.3 Reduktion zwischen Theoriennetzen

Einfachheitshalber beschränken wir uns auf Theoriennetze mit eindeutiger Basis (vgl. D 2-8). Außerdem definieren wir simultan die schwache und die starke Reduktion, da beide Begriffe in gleicher Weise auf die für Theorie-Elemente definierten zurückführbar sind. Schließlich benützen wir dieselben symbolischen Abkürzungen wie früher. (Verwirrung kann dadurch nicht entstehen, da an zweiter und dritter Argumentstelle im einen Fall Bezeichnungen für Theorie-Elemente, im anderen Fall Bezeichnungen für Netze stehen.)

D 4-6 Es seien $X^1 = \langle N^1, \leqslant^1 \rangle$ und $X^2 = \langle N^2, \leqslant^2 \rangle$ Theoriennetze mit $\mathfrak{B}(X^1) = \{T^1\}$ und $\mathfrak{B}(X^2) = \{T^2\}$. ϱ *reduziert* X^1 *schwach (stark) auf* X^2 (kurz: $Red_{sch}(\varrho, X^1, X^2)$ bzw. $Red_{st}(\varrho, X^1, X^2)$) gdw gilt:
  (1) ϱ reduziert T^1 schwach (stark) auf T^2;
  (2) für jedes Theorie-Element T aus N^1 gibt es ein Theorie-Element T' aus N^2, so daß ϱ das Theorie-Element T schwach (stark) auf T' reduziert.

Die folgenden beiden leicht beweisbaren Theoreme zeigen, daß die Reduktionsrelation von Theorie-Elementen auf Theoriennetze übertragbar ist, sofern zwei Bedingungen erfüllt sind:
  (*a*) die beiden vorgegebenen Theorie-Elemente bilden jeweils die *eindeutige Basis* der beiden Netze;
  (*b*) auf der Seite der *reduzierenden* Theorie werden *beliebige Netze* zugelassen.

Th. 4-2 *Wenn* T^1 *und* T^2 *Theorie-Elemente sind, so daß* T^1 *durch* ϱ *auf* T^2 *schwach (stark) reduziert wird, dann gibt es zu jeder Spezialisierung* T *von* T^1 *eine Spezialisierung* T' *von* T^2, *so daß* T *durch* ϱ *schwach (stark) auf* T' *reduziert wird.*

Th. 4-3 *Wenn* X^1 *ein Theoriennetz mit der eindeutigen Basis* T^1 *ist und* T^1 *durch* ϱ *schwach (stark) auf* T^2 *reduziert wird, dann gibt es ein Theoriennetz* X^2 *mit der eindeutigen Basis* T^2, *so daß* X^1 *durch* ϱ *schwach (stark) auf* X^2 *reduziert wird.*

Die in der Definition D 4-6 enthaltene, relativ starke Zusatzbedingung für das Vorliegen einer Reduktion zwischen Theoriennetzen liegt in der Forderung, daß *ein und dieselbe* Relation ϱ jedes Element des einen Netzes auf ein geeignetes Element des anderen Netzes reduziert.

Dagegen könnte unter Berufung auf das letzte Theorem eingewendet werden, daß es sich dabei *nur scheinbar* um eine einschränkende Zusatzbedingung handle. Denn Th. 4-3 lehre doch, daß es genüge, die Basis des ‚alten' Netzes auf die ‚neue Basis' zu reduzieren; das Auffinden eines neuen Netzes, für das auch die Netzreduktion funktioniert, sei hingegen nur mehr eine Trivialität. Bei diesem Einwand würde übersehen, daß für die Beurteilung historisch realer Fälle noch ganz andere Gesichtspunkte zu berücksichtigen sind, insbesondere das, was gelegentlich die äußere und die innere Kohärenz genannt wird. Wir wollen sagen, daß ein Theorie-Element $\langle K, I \rangle$ die Bedingung der *äußeren Kohärenz* erfüllt, wenn sich seine empirische Behauptung $I \subseteq A(K)$ an der Erfahrung bewährt. Ferner erfülle es die Bedingung der *inneren Kohärenz*, wenn es Merkmale, wie ‚Einfachheit', ‚Eleganz', ‚Schönheit' etc. besitzt. Schließlich werde ein Theoriennetz extern und intern kohärent genannt, wenn alle seine Elemente die Bedingungen der äußeren und inneren Kohärenz erfüllen.

Sofern nun eine neue Theorie eine alte verdrängt, wird man erst dann sagen dürfen, daß diese Verdrängung *zu recht* erfolgte, wenn die neue Theorie u. a. *sämtliche* Leistungen der alten ‚zu reproduzieren' gestattet. Dafür muß man vom *reichsten kohärenten* Netz Y^1 ausgehen, das über der alten Basis errichtet werden konnte. Selbst wenn die ‚Reduktion der Basis' bereits erfolgreich durchgeführt worden sein sollte, haben wir keinerlei Garantie dafür, daß es ein (extern und intern) *kohärentes* Netz Y^2 über der neuen Basis gibt, auf das Y^1 (schwach oder sogar stark) reduzierbar ist. Es genügt nicht, sich *irgend ein* Netz über der neuen Basis auszudenken, welches die Reduktionsleistung erbringt. Th. 4-3 spricht aber gerade nur über solche ‚Denkmöglichkeiten'; denn der dortige Existenzquantor läuft nicht bloß über kohärente Netze X^2.

Hierin liegt auch der Grund dafür, warum, um mit T. S. Kuhn zu sprechen, die Vertreter des ‚alten Paradigmas' gewöhnlich nicht durch Argumente zu überzeugen sind. Bei noch so eindrucksvollen Leistungen im einzelnen wird während der Übergangsphase das Netz über der neuen Basis ‚ärmer' sein als das reichste kohärente Netz der alten Theorie auf dem Höhepunkt ihrer Leistungsfähigkeit. Und solange es sich so verhält, sind die ‚Vertreter des Alten' prinzipiell berechtigt, zu vermuten, daß die neue Theorie an gewissen von ihr noch nicht gelösten Problemen, welche die alte längst bewältigt hatte, scheitern werde, sei es, daß sie empirisch versagen wird, sei es, daß die Lösung nur unter Inkaufnahme außerordentlicher mathematischer Komplikationen möglich sein wird.

Ein weiterer möglicher Einwand geht in eine ganz andere Richtung. Es könnte, wie bereits erwähnt, darauf hingewiesen werden, daß die hier allein beschriebene *exakte* Reduktion in gewissen historisch interessanten Fällen nicht möglich sei und daß man sich daher dort mit so etwas wie ‚annäherungsweiser Zurückführbarkeit' begnügen müsse. Dieser Einwand ist berechtigt. Wie man ihm begegnen kann, soll in Kap. 8 erörtert werden. Wir werden zeigen, daß man, ohne das vorliegende Theorienkonzept preiszugeben, den Gedanken der exakten Reduktion zu dem der approximativen liberalisieren, ja sogar zu dem der approximativen intertheoretischen Relation verallgemeinern und beides präzisieren kann.

Literatur

BALZER, W. und SNEED, J.D., "Generalized Net-Structures of Empirical Theories", Teil I: *Studia Logica* Bd. 36 (1977), Teil II: *Studia Logica* Bd. 37 (1978). Deutsche Übersetzung: „Verallgemeinerte Netz-Strukturen empirischer Theorien", in: W. BALZER und M. HEIDELBERGER (Hrsg.), *Zur Logik empirischer Theorien*, Berlin – New York 1983, S. 117–168.

BALZER, W., PEARCE, D.A. und SCHMIDT, H.-J. (Hrsg.), *Reduction in Science*, Dordrecht 1984.

MOULINES, C.U., "Ontological Reduction in the Natural Sciences", in: BALZER, W. et al. (Hrsg.), *Reduction in Science*, S. 51–70.

STEGMÜLLER, W., *The Structuralist View of Theories*, Berlin-Heidelberg-New York 1979.